매일

좋을
수만은
없는

여행을
한다

매일

좋을
수만은
없는

여행을
한다

이정민

알비

2016년 6월 어느 하루.

원룸 의자에 삐딱하게 앉아 야구를 보고 있었다. 눈동자는 분주히 움직이는 야구 선수들을 따라가고는 있었지만, 의욕이라고는 전혀 찾아볼 수 없었다.

나의 오늘.

학교 과제로 제출할 리포트를 쓰느라 새벽 3시에 잤고, 회사에서는 아이템을 한 번에 통과시키지 못해 늦게 퇴근했다. 그리고 자기 전엔 기말고사 공부를 해야 했다. '아, 주말에 잡힌 팀플 준비도 해야 하는구나 참.'

학생이면서 언론사 인턴이다. 어느 하나 포기를 하지 못한 과한 욕심이 낳은 오늘이었다.

-

요즘 나는, 나의 오늘에 대해 부쩍 생각이 많아졌다.

"정민이 너는 참 열심히 사는 것 같아."

주변 사람들이 말하는 나다. 맞는 말일 수도 있다.

휴학 없이 8학기를 쭉 다녀 좋은 학점으로 졸업하는 것, 높은 영어 성적과 각종 스펙들을 갖는 것, 졸업과 동시에 신입사원이 되는 것. 내가 갈 수 있는 길은 이것들뿐이고, 이것들이 정답이라고 생각했다.

지난 3년 동안 대학생이 할 수 있는 것이라고는 모조리 쓸어 담았다. 학과 신입생 대표를 시작으로 동아리, 독립잡지 제작, 각종 대외활동, 과 부학생회장….

무엇이라도 해야만 할 것만 같은 강박증같이. 누군가 그렇게 하라고 시키지 않았는데, 혼자서 조급했다.

그래야만 인정받을 수 있다고 생각했으니까. 그 때문에 열심히 살려고 부단히 노력했다. 그리곤

'그래. 나는 지금 열심히 살고 있어. 이거 봐봐. 남들과 다른 경험을 쌓으면서 스스로 살길을 찾고 있다고. 정답을 향해 잘 가고 있는 거야.'

이렇게 위로하며 나를 더 쪼아댔다.

-

여행은
나의 오늘에 대해 부쩍 생각이 많아질 즈음,
나의 오늘이 마음에 들지 않아서 시작되었다.

무엇을 원하는지 모른 채, 그냥 어딘가에 있을 대기업 취업을

위해 무작정 달리다 도착한 오늘이 별로였다.
게다가 내가 그려본 앞으로의 오늘,

'인턴이 끝난 뒤 마지막 학기, 본격적인 '취준생'. 수업을 듣고, 과제를 하면서 졸업논문을 써야 하고, 동시에 취업을 위해 필요한 각종 자격증 취득과 자소서 작성을…' 이건 도저히 자신이 없었다.

더 이상은 못할 것 같았다. 그만하고 싶었다.

-

나의 오늘, 오늘을 최대한 멋있게, 지금이 아니면 하지 못할 그 무언가로, 이 시간을 충분히 즐기고 싶었던 23살의 대학생은 결국 휴학을 했고, 더위가 한풀 꺾인 어느 가을의 주말 아침, 서울시 성북구의 좁은 방에서 항공권 결제 창을 띄어놓은 노트북을 앞에 두고, 부모님께 메시지를 보냈다.

'남미 다녀와도 돼?'

Contents

칠레,
하루하루가 색다른

아르헨티나,
묘했던 시간과 공간의 사이

브라질,
여행의 끝, 티켓 한 장

콜롬비아는 대부분의 가이드북과 여행자의 일정에서 제외되는 비주류 나라다. 치안이 좋은 편이 아니라는 것과 항공편이 복잡한 것이 주된 이유다. 내가 콜롬비아를 선택한 이유는 아주 단순했다. 이왕 가는 거 다양한 나라를 맛보고 와야 한다는 것이었다.
사실, 의욕만 앞섰다. 치안이 생각했던 것보다 심각했고, 3박 4일밖에 되지 않는 시간에 보고타에서 카르타헤나를 갔다 오는 일정이 무척 힘들었다. 결과적으로는 긴장과 피곤이 섞여 체력적으로 엄청난 고생을 하게 됐다.
내 선택을 후회하지는 않는다. 계획은 이상했을지라도 계획 밖의 것들에서 재미를 느꼈다. 카르타헤나의 비, 호스텔에서 만난 낯선 사람들, 정이 넘치던 사람들, 보고타의 골목. 모두 예상 밖의 것들이었다.
있는 그대로 계획 파괴자 남미를 받아들였다.

콜롬비아,

예상 밖의 것들

특별한 내일

"왜 굳이 위험한 남미를 가냐."
"그러게. 남미가 이렇게 위험한 곳인지 몰랐어."
"그냥 거치는 LA에서 쭉 있다가 와."
"싫어. 남미 완전 예쁘단 말이야."
"내가 너를 쭉 지켜봤는데, 넌 너무 대책이 없어."
오빠는 매번 맞는 말만 했다. 내가 애써 외면하려고 했던 문제점을 귀신같이 콕 집어냈다. 이번에도 두 달 전의 대책 없던 내 모습을 잘 찾아냈다.

정말 남미에 대해서 아는 것이 너무나 없었다. 우유니 소금사막, 소금호수가 남미에 있는 곳인지도 몰랐고, 난방도 잘되지 않고 운이 나쁘면 배드버그에 물려 가려움에 시달려야 하며, 날씨는 밤낮, 고도, 나라에 따라 뒤죽박죽이라는 것도 여행 준비를 하면서 알게 되었다. 몇 날 며칠을 여행계획에 골머리를 앓은 것도, 도저히 줄어들지 않는 해야 할 일 리스트 폭탄에 하루하루가 정신없던 것도 모두 대책 없던 나 때문이었다.

남미를 선택한 이유는 아주 단순했다. '3개월 인턴 후 휴학'으로 돈과 시간이 충분한 지금, '나중에 시간적 여유가 사라질 때, 제일 가기 힘든 곳이 어디일까?'라고 생각했고, 그 답이 남미였다.
그저 깡만 가지고 무식하게 남미 항공권을 산 그날의 내가 여전히 미스터리다. 그런 내가 어이없어 코웃음을 쳤다. 하지만 뭐 어쩌겠나. 이미 항공권을 끊었다.
아무튼, 대책 없는 행동 때문에 특별한 내일이 존재하게 되었다.

나를 보고 방긋 웃었다

인천에서 콜롬비아까지 2번의 경유, 총 34시간 동안 많은 사람의 도움을 받았다. 그들이 없었다면 여행 첫날부터 집이 그리워졌을지도 모른다.

미국 LA 공항은 무척 까다로웠는데 스쳐 가는 경유지일 뿐인데도 ESTA 비자와 함께 입국심사를 받아야 했다. 짐을 찾고 baggage drop-off에 캐리어를 다시 넘겨야 했다. 절차를 끝내는 데 두 시간이 넘게 걸렸다. '남은 경유 시간 동안엔 좀 쉬어야지'하며 탑승동으로 가기 전, 다음 출국을 위해 보안 검색대에 들어가려는 순간, 맙소사! 중요한 걸 까먹었다.

'구매하신 물품이 액체류라 경유지에서 꼭 수화물처리 해주세요.'
인천공항 면세점에서 산 화장품을 drop-off로 보내기 전에 캐리어에 넣었어야 했는데, 정신없는 경유 절차에 전혀 기억해내지 못했다. 지금이라도 기억한 게 다행이지. 이대로 보안검색대에 가방을 넣었다면, 뜯지도 못한 화장품을 강제 수거당할 뻔했다.
가방엔 카메라, 태블릿PC 등 내가 항상 지니고 있어야 할 물품들이 많아 수화물로 부치기는 어려웠다. 하, 이렇게 내 화장품을 떠나 보내야 하나 싶었다.

"잠시만"
불쌍하고 절박한 내 표정을 보았던 것일까. 갑자기 항공사 언니가 어디선가 상자를 가져오더니 직접 테이프를 붙이며 꽁꽁 포장을 해주었다. 항공사 언니가 베풀어준 친절이 그렇게 고마울 수가 없었다. 그 덕에 나는 소중한 면세품을 지켰고, 산뜻한 마음으로 리마행 비행기에 올랐다.

SHARE YOUR #LA STORY
FOLLOW @DISCOVERLA ON
EXIT

비행시간 18시간 30분, 태평양을 지나고 북미를 거쳐 드디어 남미 대륙, 페루 리마에 도착했는데 환승 대기 중 항공사 안내소에서도 수화물에 대한 자세한 처리 상황을 전해 들을 수 있었다.
"짐 두 개 맞지? 잘 처리돼서 보고타에서 네 짐들 찾으면 돼. 이건 새로 발급된 수화물영수증이야. 조심히 가."

여러모로 서툴고 긴장한 초보 여행자에게 따뜻함을 베풀어준 그들이 고마웠다. 모두 나를 콜롬비아로 데려다준 고마운 사람들이다.

고마운 사람들의 미소처럼, 안심된 초보 여행자의 마음처럼, 리마 공항에서 설문지를 작성하고 받은 기념품이 나를 보고 방긋 웃었다.

시작부터 긴 하루

콜롬비아 보고타에 도착했다. 하루가 정말 길었다. 집에서 나와 콜롬비아 숙소에 오기까지 걸린 40시간이라는 시간도, 한국에서 콜롬비아의 거리도 길었지만, 내 하루를 더욱 길게 만든 것은 예상하지 못했던 변수였다.

내가 그려놓은 출국 날의 그림이 있었다. '인천공항에 여유롭게 도착해 복도 자리를 달라고 해야지. 출국심사까지 마치면 화장을 말끔히 지우고 탑승 게이트 앞에서 설레는 마음으로 D-DAY 포스팅을 할 거야. 그러면 어느새 비행기 탑승을 시작하겠지? 기내식을 먹은 후엔 팩을 붙이고 꿀잠 자야지. 경유지에서도 마찬가지로 글도 쓰면서 푹 쉬어야지.'

결과적으로, 정확히 맞춘 그림이 하나도 없었다. 평온할 줄 알았던 것과 달리 스펙터클했던 하루는 집에서 나온 순간부터 시작되었다. 짐을 다시 싸야 했고, 예정보다 늦게 도착한 인천공항에선 바로 체크인하기 바빴다. 가방에 넣은 와인 따개가 하필 맥가이버 칼도 함께 있던 만능도구여서 보안검색대에서 버렸다. 여유는 온데간데없이 인터넷 면세점에서 산 상품을 찾자마자 제일 구석에 있는 게이트로 부랴부랴 갔다.
탑승 전 내가 한 것이라곤 옆에 있던 외국인에게 사진요청을 하고 페이스북에 안부 글을 남긴 것이 전부였다. 화장은 기내 화장실에서 기다리는 사람들을 생각해 정신없이 지웠으며, 마스크 팩을 얼굴에 얹고 꿀잠을 자기는커녕 미처 쓰지 못한 글을 쓰기에 바빴다.
긴 경유 대기시간엔 뜻밖의 수화물 문제로 애를 먹는 바람에 영화를 보겠다는 계획도 빗겨나갔다. 신이 장난이라도 치는 줄 알았다. 어쩜 내가 예상했던 그림과 정반대로 하루가 흘러갔을까.

자주 듣던 말이 떠올랐다. '이런들 어떠리오. 저런들 어떠리오.' 평소엔 잘 와 닿지 않았는데, 오늘만큼은 그 말의 힘을 좀 빌려야 할 것 같았다. 남미에 도착한 날부터 벌써 이 말이 떠오르다니. 앞으로의 여정이 평범하진 않을 것이란 느낌이 온다. 그리고 그것이 이번 여행의 테마가 될 것 같은 느낌 역시 강하게 든다.

스스로 어깨를 토닥토닥 두드려 주었다. '혼자서 그 많은 일을 잘 해결하느라 고생했다.'며 오늘 긴 하루를 잘 버텨냈다고. 앞으로 잘 해보자고. 잘 할 수 있다고. 용기를 심어주었다.

그만큼 하루가 풍족했다는

남미 첫날 밤.
긴 하루의 끝, 따뜻한 물로 개운하게 씻고 나와 호텔에서 제공한 콜롬비아 커피를 마시며 하루를 정리했다. 내일 아침 또다시 비행기를 타기 위해 일찍 일어나야 하지만, 아직도 잠자리에 들지 못하고 자정을 넘겨버렸다. 글을 쓰기 위해.

나는 여행 한 달 전부터 글을 썼다. 여행 계획을 짜는 것부터 이번 남미여행에 관련된 것들을 블로그에 써 내렸다. 내가 글을 쓰게 된 불씨는 '23살의 이정민은 지금뿐이니까 최대한 즐기고 와 봐'라는 엄마의 말이었다. 23살의 이정민을 가장 솔직하게 남기고 싶었다. 색다른 이야기가 펼쳐질 하루하루와 그날 느낀 감정을 한순간이라도 놓치고 싶지 않았다. 공들이지 않고 거칠고 투박하게 써 내려가 문법이 맞지 않고, 맥락이 없을지라도, 따끈따끈한 그 날의 느낌을 생생하게 바로 기록하고픈 마음이 커졌다.

기록할 에피소드가 많아 늦게 자는 것도 나쁘진 않을 것 같았다. 오히려 그렇게 되기를 바랐다. 그만큼 이야깃거리가 넘쳐났다는, 그만큼 하루가 풍족했다는, 그만큼 남미 추억의 돌탑에 돌 하나를 더 얹었다는 것이니까.

PASSPORT
SAMSUNG

무서워, 살려줘

"나 남미 가"
"혼자?"
"응"
"위험하지 않아?"
"응 그렇대. 강도가 돈 달라고 하면 그냥 주래. 반항하면 총 맞는다고. 게다가 얼마 전 남미 여행자들 대화방에서 들은 얘긴데, 버스 강도를 당했대. 들어와서 총, 칼 들이밀면서 싹 다 가져갔대."
"안 무서워?"
"무섭지. 무사히 살아 돌아오는 게 목표야."

여행 전에 만난 친구들과는 항상 이런 대화가 흘렀다. 그들은 그런 곳에 가겠다는 나를 대단하다고 했지만, 난 '이런 곳인지 몰랐지.'라고 대답했다. 남미에 대해 잘 알지도 모르는 채 무작정 비행기 표를 사버린 내가, 그곳이 무서운 여행지라는 걸 알 리가 만무했다.
항공권을 끊은 이후, 남미를 공부하면서부터 그곳의 치안을 점점 알게 되었고, 남미 여행자 대화방에서 '소매치기당했어요.' '택시 강도당했어요.'라는 사연들을 실시간으로 전해 듣게 되었다. 성인 남자도 그들의 먹잇감이 되는데, 키 작고 어린 동양인 여자애 혼자라니. 제일 만만한 표적인 내가 주변 사람들의 걱정을 사는 것이 당연했다. 그러면 나는 그들에게 농담 반 진담 반으로 말했다. "잘 있어. 꼭 살아서 올게."

내게 찾아온 첫 공포는 그리 오래 걸리지 않았다. 라마 공항에서 콜롬비아 보고타로 가는 비행기 탑승까지 두 시간이 남았었다. 게이트 앞 의자에 앉

매일 좋을 수만은 없는 여행을 한다

자마자 피로가 물밀듯 몰려와 정신이 혼미하고 눈이 자꾸만 감겼다. 하지만 잠깐이라도 눈을 붙일 순 없었다. 게이트 앞에 동양인은 고사하고 유럽계 사람들도 없어 보였다.
눈이 마주치는 사람은 모두 나를 표적으로 보는 것 같았고, 잠이 들면 누군가 배낭을 훔쳐갈 것만 같았다. 출국 여정이 정신없었던 탓에 봉인되었던 '무서움'의 주머니가 갑자기 터져버리면서 긴장은 최고조 상태가 되었다.

보고타에 도착하면서 캐리어까지 손에 쥐어지자 무서움은 극에 달했다. '몇십 리터의 거대한 배낭이 아니라 캐리어를 끌고 있다고 나를 돈 많은 여행자로 보면 어떡하지?' '택시기사가 해코지하지는 않겠지?' 하필 해도 져버려서 깜깜하다.
택시 창밖으로 본, 남미의 첫 풍경. 가로등과 건물 빛이 전부인 어둑한 거리에 무리를 지어 다니는 사람들, 거리 곳곳에 앉아있는 부랑자로 보이는 이들, 그리고 심심치 않게 보이는 경찰들.

비로소 내가 콜롬비아, 남미에서도 주의해야 하는 나라인 콜롬비아에 왔다는 것이 실감 났다. 씩씩한 척 하려고 잘 도착했다고 말하긴 했는데, 솔직히, 무서워! 살려줘!

비바콜롬비아!

'VIVA COLOMBIA' 콜롬비아 카르타헤나까지 타고 갈 항공사로, 콜롬비아에서 제일 유명한 저가 국내선이다. 저가라 그런지 유명세만큼이나 악명도 만만치 않다. E-ticket을 직접 프린트해가지 않으면 돈을 지급해야 티켓을 받을 수 있고, 기내 짐 규정도 매우 까다로우며 이륙시간도 맘대로 정한다는 소문이 자자했다.

'탑승시간 : 오전 7:50 / 이륙시간 : 오전 8:35 / 게이트 19'
오전 7시, 19번 게이트에서 스페인어 숫자 공부를 하며 기다리고 있었다. 그런데 30분이 지난 후에도, 19번 게이트에 서 있는 다른 항공기는 출발할 기미가 보이지 않았다. 이게 바로 말로만 듣던 딜레이인가 싶어 전광판을 확인해보니 '오전 10시 35분 게이트 91'. 무려 두 시간이나 넘게 늦춰졌다. 내가 이 비행기를 타려고 아침잠과 호텔 조식을 포기했는데. 조금 억울하긴 했지만 일단은 그러려니 했다. 카르타헤나는 작은 도시여서 굳이 서둘러 가지 않아도 됐고, 이것도 다 경험이니까 그냥 스페인어 공부도 하고, 글 쓰면서 기다리자 했다.

"^#...~₩%@..카르타헤나..×%#^.. 비바콜롬비아"
공항방송에서 내가 아는 두 단어가 나왔다. 왠지 내가 타는 비행기의 정보인 것 같아 주위를 둘러보니 역시나 맞았다. 91번 게이트 앞에 있던 많은 사람이 일제히 자리에서 일어나 자리를 옮기기 시작했다. 게이트 90. 또다시 변경되었다.
비바콜롬비아의 대기시간은 심심할 틈이 없었다. 화장실에 다녀오는 데 게이트 앞에 갑자기 줄이 생겨 영문도 모르고 섰다가 샌드위치와 간식거리를 배급받았고, 덕분에 처음 보는 감자칩도 먹었다. 그러다 '카르타헤나 어쩌고' 방송이 또다시 들렸을 땐, 주변 아저씨에게 '카르타헤나?'라고 확인차 물어본 후 두 번째 대이동에 자연스럽게 합류해 변경된 게이트로 향했다. 결국, 최종 게이트는 90번, 이륙시간은 10시 10분으로 앞당겼지만, 출발은 10시 40분에 한 비바콜롬비아.

저가항공사를 꽤 타봤지만, 왜 악명이 높은지 알겠다. 덕분에 공항에서 쫄깃한 시간이었다. 비바콜롬비아!

비가와도 카르타헤나

비행기에서 내리자마자 습하고 더운 공기가 느껴지고, 야자수가 보이는 콜롬비아의 휴양지 카르타헤나. '형형색색의 건물들이 여기 매력이라던데 사진이나 맘껏 찍고 와야지'라며 신나는 마음으로 구시가지에 들어섰다. 그런데 그 순간, 비가 한두 방울씩 떨어졌다. 처음엔 그냥 맞고 다녔는데 점차 시간이 지나자, 이게 웬일이야. 말로만 듣던 스콜이 왔다. '하늘에 구멍이 뚫린 것 같다'는 말은 이럴 때 쓰라고 알려주듯, 비는 굵고 세찼다. 우산 장수 아저씨가 눈길을 보냈지만, 우산과 우비로는 도저히 나를 지킬 수 없어 보였다. 슈퍼마켓의 처마 밑에서 비가 지나가기만을 기다릴 뿐이었다.

조금 속상했다. 가뜩이나 비행기 지연으로 늦게 도착했는데, 비까지 오다니. 게다가 하늘이 맑을 땐 소매치기 걱정에 사진도 많이 못 찍었는데. 카르타헤나 사진은 물 건너갔구나 싶었다. 그렇게 비를 40분이나 바라봤을 때쯤, 격정적으로 오던 비가 조금 잦아들어 소나기 정도의 비가 되었다. 아직 그칠 기미는 보이지 않았지만, 마냥 기다리고만 있기가 싫었다. 결국, 가방에서 우비를 꺼내 입고 처마 밑에서 같이 있던 경찰과 인사를 나눈 뒤, 비가 내리는 거리로 나섰다.

설마 비 오는데 카메라를 뺏겠어? 어떻게든 사진을 찍고 싶어 작전을 세웠다. 먼저 목에 카메라를 걸고, 그 위에 우비를 입었다. 우비 밖으로 카메라를 꺼내 셔터를 누르고, 바로 우비 안으로 카메라를 숨겼다. 그 눈물겨운 노력이 담긴 작전은 성공적이었다. 이제까지 사진은 파란 하늘에 햇살이 비추고, 색감이 다양해야 좋은 사진이고, 예쁜 사진이라고 생각했었다. 그런데 오늘, 비 오는 날의 사진도 꽤 매력적임을 이제야 알게 되었다.

물웅덩이를 뛰어다니고, 비를 뚫으며 얻어낸 '비 오는 날의 카르타헤나' 사진. 비가와도 카르타헤나는 카르타헤나였고, 이것 역시 카르타헤나의 또 다른 매력이었다. 한바탕 젖고 난 뒤, 다시 햇살을 받으면서 본연의 멋을 뽐내던 카르타헤나 모습 역시 카르타헤나였다.

비가와도 괜찮았다. 카르타헤나는 고맙게도 내가 바라던 것을 안겨주었다.

LED

낯선 이들을 만나는 여행

'낯선 사람과 쉽게 친해지는 것' 내가 그리던 배낭여행의 로망 중 하나였다. 'Hi' 인사로 시작해 서로의 나라는 어떤지, 각자 어떤 여행을 하고 있는지 등을 가볍게 나누는 대화를 하고 싶었다. 그런 내게 먼저 말을 건 사람은 호스텔 주인 '존'이었다. 그는 내 태블릿PC 거치대에 관심을 보였다.

"이거 완전 혁신이야. 너 엄청 프로페셔널해보여."
"그치! 글 쓸 때 편해."
"그러게, 보통 불편하게 손에 들고 써야 하잖아. 어디서 났어?"
"이거 한국에서! 2달러밖에 안 해!"
"Oh awesome!!!"

그렇게 시작된 대화에 쓰고 있던 글을 접고 그와 이야기를 나누는 데 집중했다. 콜롬비아 보고타에서 쭉 살아온 존은 아직 해외에 나가보지 못했다고 했다. 호스텔에 찾아오는 다른 나라 손님들을 만나면서 그들의 나라에 대해 듣는 것이 전부였다.

"난 한국에 꼭 가보고 싶어. 한국 사람들이 우리 숙소를 많이 찾아와 이야기를 많이 듣기도 했고, 무엇보다 비자가 비싼 다른 나라 보다 비자가 필요 없는 나라가 한국이거든. 한국 전쟁 때 우리나라가 한국을 도와줘서 그렇대."
"진짜? 신기하다. 그럼 왜 아직 안 갔어?"
"Colombia money is weak"
콜롬비아 물가는 3~4천 원이면 배부르게 먹을 수 있을 만큼 물가가 싼 나라였다. 그 때문에 해외 물가를 감당할 여행경비를 마련하기란 그들에겐 무척 버거운 일이었다. 우리나라 보통 한 끼가 6~7천 원이라는 말에 존은 고개를 저으며 여행을 갈 엄두가 나지 않는다고 했다. 콜롬비아의 싼 물가에 마냥 신나기만 했는데, 이런 고충이 있을 줄은 몰랐다.

다른 친구 '요시'. 그는 1년간의 세계여행을 계획하고 2개월째 여행 중인 일본인이었다. 오사카에서 호스텔 일과 에어비앤비 호스트를 하면서 돈을 모았고, 세계 각국의 친구를 만들었다고 했다. 그런데 아이러니하게도 제일 가까운 한국은 안 가봤다고 했다.

콜롬비아 보고타 호스텔에서 낯선 이와 금세 친구가 되었고 다양한 대화를 나누었다. 지난 여행 동안 이루지 못하고 오랫동안 묵혀두었던 로망이 이렇게 쉽게 이루어지다니. 앞으로 낯선 이를 만나는 여행을 더 즐겨봐야겠다. '존'의 콜롬비아 이야기와 '요시'의 세계여행 이야기가 꽤 재미있었거든. '여행에서 만났는데~'라며 풀 이야기보따리가 더욱 많아졌다.

응원과 용기

해외여행을 할 때 꼭 지키려고 하는 나만의 철칙이 있다. 우리나라 사람들에게 널리 알려진 식당 혹은 숙소는 될 수 있는 대로 피하는 것이다. 문을 열고 들어갔는데 현지인보다 우리나라 사람이 더 많고, 우리나라 말이 아무렇지 않게 들리는 상황이 그렇게 민망할 수가 없었다. 외롭다 할지라도 차라리 알아듣지 못하는 언어가 들리고, 외국인인 나를 어색해하는 종업원을 만나는 것이 좋았다.
현지인들 사이에 섞여 함께 북적일 때 느끼는 짜릿함이 해외여행의 묘미 중 하나였다. 그런데 남미에선 잔뜩 겁을 먹어 그런지, 콜롬비아에서 만난 우리나라 사람이 무척이나 반가웠다.

카르타헤나에 도착해 비행기에서 내리던 중 '혹시 한국 사람이세요?'하고 물으며 나를 화들짝 놀라게 만든 그는 남미에서 만난 첫 한국 사람이었다. 아르헨티나에서의 교환학생을 마치고 여행 중이던 그는 스페인어가 능숙해 남미 전통음식 세비체도 주문해줬고, 먼저 다녀온 여행지에 대해 수많은 꿀팁도 전수해줬다. 그중 가장 좋았던 것은 적어도 그 시간만큼은 긴장에 움츠러들 필요가 없었다는 점이었다. 그가 나누어준 도움 중에 가장 고마웠던 것은 한국 사람에 대한 마음을 열게 해준 것이었다.

다시 돌아온 보고타에서는 한국인이 많이 머문다는 호스텔로 직접 찾아갔다. 일본인 '요시'를 제외하고 모두 한국인이었던 호스텔은 내겐 천국과 같았다. 그냥 존재만으로도 위안이 되었지만, 제일 좋았던 건 뭐니 뭐니 해도 여자 네 명이 한 방에서 나눈 수다였다. '저는 3일 전에 콜롬비아로 들어오면서 여행 시작했어요.' 내 이야기를 시작하면 그들은 '벌써요? 광장은 다녀오셨어요?' '6주에 7개국 보시려면 힘드시겠어요.' '카르타헤나는 어땠어요?' 대화가 꼬리에 꼬리를 물었다. 통 알 수 없던 스페인어만 듣다가 한국어로 수다를 떨 때의 시원함이란. 그러다 아무 거리낌 없이 드라이기를 서로 빌리고, 쇼핑 및 관광 정보를 공유하고, 고마움의 표시로 마스크 팩을 나눠주고. 별거 아닌 것처럼 보여도 그 모든 것이 따뜻했고 감동이었다. 내가 생각했던 것보다 속으로는 아주 무섭고 외로웠나 보다.

나보다 더 많은 시간을 남미에서 보낸 그들에게서 응원도 받았고, 저마다의 개성 있는 색으로 여행을 어떻게 꾸며나갈지에 대해 설렘 가득한 이야기를 들으면서 용기도 얻었다.

ようにしましょう!!
2 身分証の提示を求められたら、パスポートのコピーを見せるようにしましょう。
3 夜間は一人で出歩かないようにしましょう!!!
SAYTA
한국 여행자분들
나가실때는 귀중품·여권 등은 두고 가시고
필요할때는 여권 사본을 휴대.
현금은 적당히만 들고 다니시기 바랍니다.
생각보다 안전하다고 방심할 때
표적이 될 수 있습니다.
-부 경원-
SAYTA
Liebe Gäste,
aus Sicherheitsgründen empfehlen
wir, den Reisepass im Hostel zu
RUTA DE

아마추어 포토그래퍼

나에겐 9년이 넘는 DSLR이 있다. 중학생 때 무슨 배짱으로 그랬는지 모르겠지만 엄마에게 성적을 잘 받은 선물로 DSLR을 사달라고 했고, 엄마는 내게 그것을 안겨줬다(최근에 여쭤보니 충분히 값지다고 생각해 과감히 사줬다고 한다). 이후로 내 일상과 여행에는 카메라가 항상 동행했다. 내가 찍은 사진은 친구들의 '프사'가 되기도 하고, 누군가의 휴대폰 갤러리에 저장되기도 했으며. '사진 느낌이 너무 좋아', '네 사진을 보면 여행 온 기분이야'라며 내게 '사진부심'을 심어주는 말도 듣게 해주었다. 그래서 남미여행 역시 엄청난 사진을 남겨오고 싶은 욕심이 강했다.

그런데 남미여행 전문가들이 하나같이 입을 모아 하는 경고가 있었다. '카메라 목에 걸고 다니면 바로 뺏겨요. 사진 찍을 때도 항상 조심하세요.' 이럴 수가. 도시 구석구석을 돌아다니며 그 도시만의 분위기 담는 것을 좋아하는 나에겐 너무 절망적인 말이었다. 말로는 설명이 부족한, 몇 장 딱 보고 나면 알 수 있는 사진만의 힘이 있는데 말이다. 에이 설마 진짜 뺏기겠나 싶었지만, 호스텔 벽에 붙은 한글로 쓰인 경고문 '이곳은 방심하면 바로 소매치기당해요' 호스텔 주인 존에게 재차 물어봐도 답은 역시나 같았다. 위험하다는 말은 익히 들었지만, 이 정도라니. 안타깝게도 이번 여행만큼은 겁쟁이가 되기로 했다.

보고타는 골목마다 그려진 가지각색의 그라피티 때문에 사진을 찍고 싶은 충동이 계속 이어졌다. 하지만 여행 초반부터 뺏길 순 없어 DSLR을 가방에서 차마 꺼내지 못했다. 어쩌다 한 번 찍을 때도 '내가 비싼 카메라를 가지고 있다'는 것을 감추기 위해 무던히 애를 써야 했다. 가방에서 꺼내 감으로 찍은 뒤 다시 가방에 넣는데 007 첩보작전이 따로 없었다. 나중에 숙소에서 확인해보니 수평과 초점이 난리가 났다. 이런 투박함도 다 남미의 매력으로 생각해야지. 하, 아쉽다 아쉬워.

계획했던 것을 버리고

호스텔에서 만난 분과 함께 보고타를 한눈에 볼 수 있다는 몬세라떼 언덕에 다녀오기로 했다.
아뿔싸. 안개가 자욱하다. 이대로라면 언덕에 올라가서 구름만 실컷 보고 올 게 뻔했다. 고민에 빠졌다. 변화무쌍한 남미 날씨를 믿고 일단 가볼지, 아니면 시내를 여유롭게 둘러볼지 선택해야 했다. 몬세라떼 언덕에서 보는 풍경이 제법 볼만하다는 것을 알았기 때문에 긴 고민의 시간이 필요했다.

몬세라떼 언덕을 포기했다. 쉽지만은 않은 결정이었지만, 괜히 올라가서 허탕을 치느니 어제 제대로 보지 못한 보고타의 골목 구석구석을 돌아다니는 편이 낫다고 생각했다. '제가 시내를 많이 봐서 예쁜 골목을 알거든요. 거기 데려다줄 테니까 소매치기 걱정하지 말고 맘껏 사진 찍으세요.'라던 한 분의 제안이 아주 구미가 당겼다.
선택은 성공적이었다. 어제까지만 해도 카메라를 가방 속에 꼭꼭 숨기고 다니느라 바빴는데, 혼자서는 무서워서 가지 못했을 골목을 돌아다녔고, 보고타의 주요 볼거리인 형형색색의 벽화들을 마음 놓고 카메라에 담았다. 게다가 내 모습까지 남겼다! 이게 웬 떡이야.
한결 편해진 마음에 그동안은 보지 못했던 보고타의 또 다른 면모를 찾았다. 금방이라도 물건을 뺏길 것 같이 삭막함만 가득한 곳인 줄 알았는데, 그렇게까지 무섭기만 한 곳은 아니었다. 길에선 바이올린을 켜는 연주자도 있었고, 대학교는 활기찼고, 공원 벤치에선 맥주 한 병씩을 하는 내 또래 친구들도 있었다. 괜히 내가 필요 이상으로 겁을 잔뜩 먹은 것 같았다. 나도 이들 구역의 한 벤치에 앉아 맥주를 마시며 몬세라떼 언덕을 포기한 나를 칭찬했다. 콜롬비아의 풍경을 한눈에 못 보면 어때. 대신 나는 보고타의 구석구석을 얻었는걸. 계획했던 것을 버리고 다른 선택을 해보는 것도 꽤 괜찮네.

7 HABITACIONES
CON BAÑO
ERRAZA / COCINA / SALA
NF: 312 305 77 16
mecato
GRANDE
SABORES

콜롬비아와 페루 사이에 지나가는 나라로만 생각했던 에콰도르. 단 한 장의 사진에 꽂혀 온 바뇨스. 절벽 앞 오두막에 설치된 '세상의 끝 그네'를 타고 있는 '인생샷'을 남기고 싶어서 갔는데 이렇게 좋을 줄 몰랐다. 처음으로 아주 맘 편하게, 고민도 없이 마음 놓고 목에 카메라를 걸고 돌아다녔고, 파란 하늘을 보며 넋을 놓게 되었다.
바뇨스는 파랗고, 깔끔하고, 평화로웠다. 단지 행복이라는 단어로 단정 짓기 아까운, 행복의 끝은 도대체 어디일까 질문을 던지게 했다. 남미에 오길 잘했다는 생각에 벅찰 만큼 행복했다.

에콰도르,
세상의 끝 그네

소중한 것

다시 만난 항공사 비바콜롬비아, 이번엔 체크인하기 전부터 지연이라고 떠 있었고 변경된 이륙시간은 나와 있지 않았다. 게이트 앞에서 주야장천 4시간을 기다린 끝에야 비바콜롬비아는 나를 에콰도르의 키토에 떨어뜨려 주었다. 밖은 깜깜한 저녁이 되었지만, 택시를 타지 않고 공항 내 카페로 달려갔다. 와이파이를 쓰며 에콰도르 일정을 전면 수정했다.

원래는 키토에 도착하자마자 버스로 4시간을 달려 액티비티의 도시 바뇨스로 이동하려고 했다. 수도는 비교적 위험하기도 하고 키토에는 별 흥미가 없었다. 오늘 밤 바뇨스에 도착하면 한숨 푹 잔 뒤, 다음 날 각종 액티비티를 즐기고 페루로 넘어가는 것이 최종 목표였다.
애초에 에콰도르는 '바뇨스'라는 도시에만 목적을 둔 중간 경유지나 다름없었다. 그런데 악명 높은 항공사 비바콜롬비아 때문에 바뇨스로 이동하지 못하게 돼 머리가 복잡해졌다. 내일 이른 아침에 바뇨스로 이동한다고 해도, 액티비티를 즐기기엔 너무 늦은 시간이다.

바뇨스를 놓치기 싫었던 나는 카페에서 사흘 후 에콰도르에서 페루로 가는 33만 원 항공권을 결제했다. 과감한 소비엔 엄마의 조언이 있었다.
'서른 시간 버스와 한 시간 비행기가 있다면 무조건 비행기를 선택해라. 하루를 버스로 빼앗기기에는 너의 금쪽같은 남미여행 시간이 너무 아깝다. 30만 원은 네 인생에 언제든 벌어 보충해 채울 수 있지만, 남미의 하루는 네 인생 언제 또 보충해 넣을지 불확실하다. 또 스물세 살 12월 5일을 버스로 빼앗기기엔 너무 아깝지. 혹시 30시간 버스 여행 체험에 비중을 둔다면 또 모르지만'

장시간 버스도 경험해보고 싶고, 남미의 사실적인 모습을 체험해 보고 싶었다. 하지만 지금은 돈을 쓸 때였다. 배낭여행자에게 정말 큰돈이지만, 남미에서의 소중한 내 시간을 지키고 싶었다.

N9-37

'에콰도르 키토는 이번 주가 키토 페스티벌 주간입니다. 키토시가 탄생한 지 482주년이 되는 해이며, 이번 토요일에는 페스티벌의 대미라고 할 수 있는 화려한 퍼레이드가 개최됩니다.'

공항에서 숙소로 택시를 타고 가던 중, 늦은 시간까지 파티 중인 사람들을 보았고, 그때 마침 남미 여행자 대화방에서 보았던 메시지가 떠올랐다. 이게 무슨 행운인지 내일이 토요일이었다.

다음 날 아침, 바뇨스로 출발 시각을 조금 미루고 구시가지에 갔다. 각종 군것질을 파는 상인들과 거리 곳곳의 곡예사들, 길거리를 가득 메운 사람들이 오늘이 축제임을 말하고 있었다. 안타깝게 버스 시간 때문에 화려한 퍼레이드는 보지 못한 채 발걸음을 돌려야 했지만, 그래도 축제는 사람을 신나게 만드는 재주가 있었다. 모르고 지나칠 뻔했던 축제라 기쁨은 배가 되었다. 눈에 띈 신발가게에서 에콰도르 무늬의 쪼리를 사서 바로 갈아 신었다.

그리고 저녁에 도착한 바뇨스. 키토 페스티벌을 보지 못한 아쉬움을 풀어 주기라도 하는 듯 바뇨스에서도 경쾌한 남미 음악에 맞춰 화려한 춤을 뽐내는 퍼레이드가 열리고 있었다. 뜻밖의 행운에 나는 제대로 무장해제 되어 다른 사람들처럼 길바닥에 앉아 넋 놓고 퍼레이드를 감상했다. 스포츠 댄스를 전문적으로 추는 댄서부터 전통 민속복장을 한 아이들까지 모두 퍼레이드를 위해 열심히 준비한 모습이 역력했다. 같이 손뼉도 치고, 손을 흔들며 환호했다. 그러다 어느 한 팀이 내 시선을 완전히 빼앗았는데, 바로

하얀 도복을 입고 태권도를 하는 아이들이었다. 힘껏 기합을 넣으며 짧은 팔로 찌르고, 하늘로 발을 쭉 뻗는 그들에게 '이거 우리나라 스포츠야' 속으로 외치며 애정을 듬뿍 담은 눈으로 응원을 보냈다. 금방 힘이 빠져 시간이 흐를수록 비틀대는 모습마저 귀여운 그들이 시야에서 사라질 때까지 흐뭇하게 바라볼 뿐이었다. 비바콜롬비아의 지연으로 생겨난 오늘이다.

운이 따르는 것일까. 아니면 비바콜롬비아 덕일까. 답이 무엇이든 내가 지금 행복하다는 사실은 변함없었다. 계획대로였다면 키토의 축제도, 바뇨스의 퍼레이드도 없이 꼼짝없이 페루행 버스에 갇혀 있었을 생각에 오늘이 더 값지다. '돈을 더 주고 좋은 항공사 탈걸'하며 버려졌다고 여겼던 시간이 값진 시간으로 오자 민망함과 고마움이 교차했다.

나중이란 건 없어

12월이지만 남반구인 남미가 이렇게 일교차가 클 줄 몰랐다. 경량패딩을 챙기라는 블로그의 팁을 보았지만 추워 봤자 북반구 한국의 겨울보다 춥겠냐며 코웃음을 쳤다.
하루하루가 강행군이었던 내 몸은 남미에서도 급성장염과 수족냉증을 만났다. 바뇨스 숙소의 이불 속에서 엄청난 고민을 했다. 몸을 잔뜩 웅크린 채 벌벌 떨며 '나갈까. 쉴까. 나갈까. 쉴까.'를 한참이나 고민했었다. 그런데 결국 또다시 강행군을 한 것은 '지금 아니면 또 언제 해 보겠어'라고 속삭이던 마음의 소리 때문이었다.

선택의 기준은 이렇다. '살면서 내게 다시 이런 기회가 올까?' 이 기준을 가지게 된 건, 고1 때였다. 2학년을 앞둔 겨울방학, 약 2주간 미국에서 홈스테이하면서 그곳 학교의 수업도 듣고, 관광도 하는 프로그램이 있었다. 해외에 나가는 것을 좋아하는 나에겐 매우 흥미로운 프로그램이었지만, 선뜻 결정을 내리진 못했다. 내가 다닌 고등학교는 공부에 대한 경쟁이 굉장히 치열했기 때문에 그곳에 다녀오면 남들보다 2주 정도의 공부가 뒤처질 것으로 생각했다. 하지만 부모님의 생각은 전혀 달랐다.

"2주 동안 다른 애들은 엄청 공부할 텐데…"
"너한테 살면서 이런 기회가 다시 올까?"
"나중에 대학교 가면 교환학생에 가지 않을까?"
"글쎄. 이 나이까지 살아보니까 나중이라는 건 없더라. 기회가 다시 오지 않아."

'맞아. 지금이 아니면 언제 또 홈스테이를 해보겠어.'라며 다녀온 교류 프로그램은 많은 추억을 안겨주었고, 걱정했던 2주 치의 공부는 정말 아무것도 아니었다.
그 후론 할까 말까 선택의 갈림길에 섰을 땐 항상 이 기준을 꺼냈고, 내게 기회가 다시 오지 않을 것 같으면 '하자!'고 마음을 굳혔다. 설령 그 선택으로 인해 많이 힘들더라도, 주변에서는 네가 고생만 할 것 같다고 말할지라도, 모두 내게 중요한 경험이 될 것이라 믿었다. '하지 않는 것보단 무엇이라도 깨닫고 남는 것이 있겠지'라며.

에콰도르 바뇨스의 특별한 밤은 그렇게 내게 찾아왔다.

또 다른 이유

여행에 있어 맛집은 애매한 존재다. 리뷰를 무시하자니 손해 보는 것 같고, 막상 따라가자니 실망하거나 큰 감흥을 얻지 못하는 경우가 많다. 그래서 나는 맛집이라 불리는 식당들에 큰 미련을 두지 않았다.
꾸역꾸역 찾아가려다 동선이 꼬이거나 웨이팅에 많은 시간을 소비해버린 적이 한두 번이 아니었다. 무엇보다 내 여행이 아닌 다른 사람들이 정한 '맛집 필수 코스'에 끌려다니는 느낌이 별로였다.

그래서 탄생하게 된 나만의 한 끼 노하우는 그냥 현지인이 복작거리는 집에 간다. 향신료나 새로운 맛에 큰 거부감이 없는 나로선 웬만하면 실패하지 않는 맛집 발견법이다. 설사 실패하더라도 차라리 내 선택으로 실패하는 게 백번 낫다.

일요일 아침의 바뇨스, 무척이나 한산한 길거리와 대다수의 텅 빈 가게와는 다르게 유독 한 식당만 바빠 보였다. 아침 식사를 하는 현지 사람들로 북적였고, 음식을 하는 식당 주인은 분주했다. 이런 곳이라면 단연 내 한 끼를 맡길 수 있었다.

보통은 가장 잘나가는 메뉴를 추천해달라고 하지만, 주위를 둘러보니 모두 같은 메뉴를 먹고 있었다. 주문을 받으러 온 직원에게 무작정 'Uno!(하나!)'라고 했다(아직 아는 스페인어 단어가 숫자밖에 없다). 그녀는 처음엔 얘가 무엇을 하나 달라는 건지 의문 가득한 표정으로 바라보다가, 이내 아침밥을 먹고 싶은 내 모습을 알아채고 알아서 주문을 넣어주었다. 그리곤 자신 있게 내민 4천 원 아침 메뉴. 스크램블드에그, 감자와 생선 살을 뭉쳐

튀긴 요리, 커피, 망고주스.
감자 크로켓과 같은 듯 다른 처음 보는 음식을 맛보는 것만으로도 이미 합격인데, 싹싹 긁어먹을 만큼 맛있기까지 했다.

식당 주인은 내 입맛에 자신의 음식이 맞는지 궁금해 테이블로 찾아왔다. 현지인이 주 고객층인 식당들은 외국인이 낯선지 종종 이렇게 맛을 확인하러 온다. 그럼 내가 맛있다는 의미로 고개를 끄덕이면, '씩' 웃는데 그 뿌듯해하는 미소는 내가 현지인이 많은 식당을 찾는 또 다른 이유기도 하다.

여행이 좋은 이유

사실 액티비티를 즐기는 편은 아니다. 많은 사람이 여름엔 워터파크, 겨울엔 스키장에서 휴가를 보내지만, 나는 분위기 좋은 곳에서 좋은 사람과 함께 두런두런 얘기 나누는 것을 좋아한다. 그런 내가 액티비티의 도시 바뇨스에 기를 쓰며 온 건 여행이 나를 변화시킨 듯하다. 누군가의 블로그에서 '여행을 하면서 저의 또 다른 모습을 발견했어요'라는 글에 나는 100% 동의하고 있었다.

바뇨스는 경치도 끝내주고, 가격도 저렴하고, 날씨까지 환상이다. 액티비티를 하지 않을 이유는 단 하나도 없었다. 20$의 바뇨스 집라인은 대성공이었다. 총 2km, 6번의 비행. 흐르는 강물을 아래에 두고, 시원한 바람을 맞으며 산과 산을 날아다녔다. 내 눈 앞에 펼쳐진 풍경을 보느라 무서움 따위는 안중에도 없었고, 하늘에 떠 있는 동안은 그저 푸른 산을 보는 데만 집중했다.

짜릿한 집라인 액티비티를 끝내고 다시 돌아오는 길엔, 집라인을 같이 즐긴 친구들과 트럭 뒤 칸에 앉아 바뇨스의 깨끗하고 새파란 하늘을 바라보면서 왔다. 덜컹거리는 트럭에 몸을 기댄 채 소리를 지르기도 하고, 바람을 맞기 위해 두 팔을 활짝 펴기도 했다.

이렇게 집라인이 신나고, 트럭 뒤에 타는 것이 재밌고, 파란 하늘을 좋아하는 줄은 몰랐다. 호기심이 늘고, 세상에 존재하는 재미들을 더 알아갔다. 그리고 미처 몰랐던 내 모습도 발견했다. 점점 좋아하는 것이 많아지는 내 모습이 보기 좋고, 그렇게 나를 발견하는 것이 재밌다. 여행이 좋은 이유다.

상큼하고 달달했던

퍼레이드 구경 중 나를 흘깃흘깃 쳐다보던 한 꼬마 숙녀가 있었다. 눈이 마주치면 수줍게 웃는 모습이 귀여운 꼬마에게 손 인사를 하자 내게 처음 보는 과일을 내밀었다.
낯선 외국인인 내게 다가와 준 것이 너무 고맙고 사랑스러워 사진을 찍어도 되냐고 물었다. 꼬마는 아까보다 더 수줍어하며 고개를 끄덕였고, 찍힌 사진을 보고는 활짝 웃었다. 그리곤 이내 부끄러워졌는지 엄마 뒤로 숨어서는 고개만 빼꼼 내밀며 작별인사를 건넸다.

여행에서는 '아이들이 달려들어도 사주지 마세요', '아이들 이용해서 소매치기시키는 거예요'라는 경고메시지를 자주 듣게 된다.
꼬마 숙녀가 간 이후에도 바뇨스의 많은 아이가 내 주위를 서성였고, 내가 셀카봉을 들고 같이 영상을 찍자 모두 쑥스러워하며 깔깔댔다. 아이들에게 외국인은 장사의 대상이 아니라 자신들과 다르게 생긴 신기한 사람에 불과했다.

미안했다. 선물을 준 꼬마에게도 지난 일주일의 남미에게도. 내 짐을 지킬 적당한 긴장만 하면 됐지 아무런 경계 없이 다가온 꼬마마저 피할 만큼 벽을 치고 있을 필요도 없었다.

선물 받은 '그라나디야'라는 과일과 꼭 닮은 바뇨스. 신맛이 날 것 같은 생김새와 다르게 톡 터지는 씨앗은 상큼했고, 과즙은 달콤했다.

SAVE THE EARTH

매일 좋을 수만은 없는 여행을 한다

이야기 하고 싶어서

장거리 이동시간 동안 딱히 심심하지는 않다. 고맙게도 나는 차에만 타면 바로 잠드는 습관이 있어서 그 시간에 부족한 잠을 채웠다. 그러다 아무 생각 없이 넋 놓고 밖을 바라보기도 했다. 워낙 혼자 이 생각 저 생각을 많이 해서 시간을 버티는 것쯤은 어려운 일이 아니다. 게다가 창밖엔 세상에서 가장 파란 하늘과 세상에서 가장 푸른 들판의 우유 광고를 찍어야 할 것 같은 풍경이 내내 상영된다. 여기에 좋아하는 음악까지 들으면 따분함이나 지루함을 느낄 새가 없다.

다만, 도란도란 이야기를 나누지 못하는 것이 아쉽다. 때로는 누군가에게 내 생각을 말하는 것만으로도 큰 도움이 된다. 굳이 조언을 듣지 않아도 말이다. 그렇게 하나둘 내 속에 있는 것들을 꺼내다 보면, 혼자만의 생각에 빠져 맴맴 돌고 뭉쳐있던 잡생각들이 쉽게 풀리는 경우가 많다.
내 이야기를 다른 사람에게 잘하지 않는 나는 유독 여행에만 오면 감춰두었던 나를 하나둘씩 펼쳐 보였다. 마치 대나무숲에서 비밀을 이야기하는 것처럼 여행이 주는 감성의 힘을 빌려 잠시나마 솔직해졌었다.

아름다운 에콰도르의 풍경은 나와 도란도란 이야기하던 사람들을 그립게 했다. 이 정도 하늘이라면 더 솔직히 이야기할 수 있을 것만 같은데, 이 정도 하늘 아래에서 내 넋두리쯤은 아주 작은 먼지가 될 것 같은데, 유난히 높고 넓은 하늘이었다.

매일 좋을 수만은 없는 여행을 한다

나이

한 달 데이터 750MB 요금제로 살던 때의 나는 음원사이트에서 스트리밍 대신 매월 30곡을 다운받는 서비스를 이용했다. 와이파이도 잘 터지지 않는 지하철에서의 긴 통학시간을 달랠만한 데는 음악만한 것이 없었다. 한 달에 서른 곡밖에 되지 않았기 때문에 한 곡 한 곡에 신중을 기해 골라야 했는데, 유일하게 고민 없이 무조건 다운받는 앨범이 있었다. 한 번에 열 곡가량을 발표하는 앨범과 다르게 월마다 한 곡씩 나타나 주는 '월간 윤종신'이었다. '1월부터 6월까지'라는 노래를 통해 그의 음악에 빠지기 시작하면서부터 매월 한 곡씩 쌓았고, 자주 접할수록 그의 음악에 매료되어 이전 년도의 앨범도 내려받았었다. 그 덕에 지금 남미에 와서도 그의 음악을 다양하게 듣고 있다.

나이_윤종신_行步 2011

두자리의 숫자 나를 설명하고 두 자리의 숫자 잔소리하네
너 뭐하냐고 왜 그러냐고 지금이 그럴 때냐고
:
날 사랑해 난 아직도 사랑받을 만해 인제야 진짜 나를 알 것 같은데
이렇게 떠밀리듯 가면 언젠가 나이가 멈추는 날 서두르듯 마지막 말 할까 봐
이것저것 뒤범벅이 된 채로 사랑해 용서해 내가 잘못해서 조금만 더 조금만 더
:
널 사랑해 날 용서해 지금부터
내 잘못이야 날 용서해 지금부터
날 사랑해 지쳐가는 날 사랑해

2011년 월간 윤종신 결산앨범 '윤종신 행보 2011'에선 '말꼬리'와 '늦가을'을 가장 좋아했는데, 이번 여행에선 유독 이 노래가 더 다가왔다. 여행에 온 지 일주일, 기말고사를 준비한다는 친구들을 보며 다시금 생각해봤다. 휴학은 옳은 결정이었을까. 장기여행이 그렇게 하고 싶었다면 방학 때 가면 되는 것은 아니었을까. 아직도 확신이 서지 않아 너 뭐하냐고 왜 그러냐고 지금이 그럴 때냐는 노랫말과 같은 자책감이 불쑥불쑥 들었다. 하지만 그럴 때마다 노래에 기대어 용기를 얻는다. 더욱 용감해지기 위해, 12월 남미에 있는 나를 용서하기 위해, 조급함에 지친 나를 사랑하기 위해.

600곡이 넘게 저장된 핸드폰에서 한 음악이 무한 반복 중이다.

사랑하는 사람과 함께 있었다면 사랑은 더욱 무르익었을 것이다. 사막 모래 위를 같이 데굴데굴 구르기도, 야자수 그늘에 오아시스를 보며 모히토 건배를, 쿠스코 골목을 산책하다 아르마스광장에 앉아 커피를 마시고, 마추픽추에서 오묘한 잉카의 세계에 반하곤 마지막 밤엔 맥주 한 병과 쿠스코 야경을.
페루 특유의 매력과 편안하고 고즈넉한 분위기에 취해 사랑한다고 몇 번이고 고백했을지도 모른다.
다른 어느 곳에서도 느낄 수 없는 페루 고유의 색깔이 있고, 그것이 여행자들을 충분히 매료시킬 수 있다는 것. 바로 페루로 가는 비행기를 끊어야 하는 이유다.

페루,
사랑한다 몇 번이고 고백했을지도

꽃보다 모래

'여행 가기 전에 꽃보다 청춘 보고 가세요'라는 글을 보았다. 그러고 보니 남미 여행에 대한 열망이나 계획이 전혀 없던 2014년, '꽃보다 청춘, 페루 편'을 시청한 적이 있었다.
천진난만함과 자유로움을 만끽하며 모래 위를 구르고 또 구르던 그들의 모습이 가장 먼저 기억이 났다. '우와 저런 데가 다 있네. 가보고 싶다'라며 막연한 미래를 그렸었다.

기억 속 그곳, 오아시스 마을 '와카치나'에 왔다. 간혹 방송의 리액션이 과장이 아닐까 싶을 때가 있었다. 버기카가 저만큼 재밌을까, 굳이 저렇게 뒹굴어야 할까 싶은 의심이 들었었다.
울퉁불퉁한 모래언덕을 빠른 속도로 달리는 버기카는 롤러코스터에 버금가는 전율이었다. 예측할 수 없는 덜컹거림에 비명이 절로 나왔다. 사막 라이딩으로 한바탕 모래바람을 맞고 난 다음은 모래에 본격적으로 구를 시간이었다. 샌드보딩은 보드 밑에 왁스를 칠하고 보드 자세, 썰매 자세, 서핑 자세 등으로 취향껏 알아서 사막언덕을 내려오면 됐는데, 액티비티 젬병인 나는 몇 미터 가지 못하고 그대로 사막 모래 위로 내팽개쳐져서 몇 바퀴 굴러버렸다. 입에선 모래가 씹히고 온몸엔 사막 모래 팩을 쓰고 난리도 이런 난리가 없었지만, 남미에 와서 제일 크게 웃었던 순간이었다. 모래에 발이 푹푹 꺼지면 꺼지는 대로, 넘어지고 뒹굴면 그냥 그런대로 사막 모래에 폭 안겨 나의 첫 사막을 즐겼다.

사막의 저녁은 마법을 부렸다. 해가 서서히 사라질 땐 주황빛 하늘이었다가 해가 사막에 완전히 숨은 후엔 하늘이 보랏빛과 핑크빛으로 층을 이루었다. 사막 투어에서 만난 D는 어둠이 해의 자리를 대신한 오아시스의 저녁을 보기 위해 다시 사막언덕을 걸어 올라갔다. 푹신한 모래에 앉아 오아시스의 야경을 보았다. 사막이 이대로 시간이 멈추는 마법도 부려주길 바라면서.

얼마나 신나서 뒹굴었던 건지 바지 주머니와 신발을 털어내도 자꾸만 나오던 모래 알갱이들. 꽃보다 청춘의 그들도 분명 이렇게 며칠 동안이나 모래를 만났으리라.
이제, 와카치나 서랍 속에 '꽃보다 청춘' 말고 모래 알갱이들을 넣어야겠다. 나의 첫 사막, 첫 오아시스니까.

여행의 추억을 먹고 사는 사람

"아 뜨거워!"
하늘엔 구름 한 점 없고, 사막엔 땡볕이 내리쬐고 있고, 내 발은 사막 모래 안에 빠져있고, 쪼리를 신고 있었다. 사진을 찍자는 일념 하나로 한쪽 어깨엔 DSLR, 한쪽 팔엔 삼각대를 껴안고 사막에 뛰어들었는데, 모래찜질을 넘어 발이 익을 뻔했다. 사막의 열기에 된통 당하곤 급히 야자수 그늘에 피신해 발을 식혔다.

사진이 뭐라고 발을 데면서 까지 사진을 찍나 싶겠지만, 여느 여대생처럼 카카오톡 프로필 사진이나 인스타그램에 올릴 만한 인생샷을 건지면 기분이 좋다. 아, 그렇다고 해서 사진 하나 건지자고 친구들과 만난 예쁜 카페에서 연신 셀카를 찍거나 여행을 화보 촬영으로 취급하지는 않지만. 그저 예쁜 곳에서 한창 예쁠 나이에 인생샷을 남기고 싶은 20대 여자의 마음이랄까.

무엇보다 내가 나온 사진들은 그때 내가 어떤 상황이었는지 어떤 감정이었는지 고스란히 말해준다. 안초비 피자를 열광하며 먹던 2015년 홍콩 스탠리, 맥주 축제 후 선선한 밤 산책을 하던 2016년 일본 삿포로. 스냅사진보다 더 또렷한 기억을 지니고 있다.
그런 사진들을 한데 모아 놓은 핸드폰 사진첩은 나의 보물이다. 무료한 일상 속에서 사진첩에 들어가면 잠시나마 행복해질 수 있다. 딱 여행의 추억을 먹고 사는 사람이다. 그래서 나는 와카치나에서도 열심히 사진을 찍었다. '이때 사막에서 잘 익을 뻔했지'하며 잠깐이라도 추억 여행을 다녀올 미래의 나를 위한 투자다.

매일 좋을 수만은 없는 여행을 한다

여행의 의미

여행하며 글을 쓰고 있다. 남는 시간 틈틈이 여행을 기록한다. 와카치나의 햇살을 받으며 조금 더 있고 싶었지만, 계획에 따라 곧 버스를 타고 이곳을 떠나야 했다. 아쉬운 마음을 모히토 한잔으로 위로했다.
옆에서 소설 데미안을 읽고 있는 어떤 친구는 세계여행 중이다. 여행에 와서 여유롭게 책을 읽는 것이 그가 여행을 즐기는 법이었다. 그러다 생각보다 이곳이 너무 좋아서 며칠 더 머무르며 책을 읽을 것이라고 했다. 나와는 많이 다른 여행이었다.

내 여행이 계획과 함께해서 그런지 남다른 자신감이 있었다. 며칠을 노트북과 핸드폰을 붙들며 도시나 나라 간 이동은 어떻게 해야 하는지, 운행 시간과 이동 시간은 어떻게 되는지, 이 도시는 며칠을 머물러야 좋을지 등 모든 정보를 탐색하고 정리하며 계획 짜기에 몰두했다.
'배낭여행의 묘미는 무계획이지', '남미는 계획을 다 짜봤자 다 바뀌게 되어있어' 많은 여행자가 하는 말은 틀린 것이 아니었지만, 내 귀에는 전혀 들어오지 않았었다. 물론 여행이 짜놓은 일정대로 진행되도록 가만히 놔두지 않을 것을 알았지만, 이렇게라도 준비해가야 아쉬움이 덜 할 것 같았다.

나와는 달리 마음 가는 대로 여행을 하는 그를 보며 내 여행의 의미를 생각해봤다. 나에게 여행은 도시의 길을 기억하는 데 있었다. 호이안의 길거리는 붉은 전등이 길을 밝혔고, 세비야의 길거리에는 강한 바람으로 오렌지들이 떨어져 있었다. 제주도의 여름 길은 돌담 옆의 초록 풀들이 보였고, 겨울 길은 눈 덮인 회색 화강암이 눈에 띄었다. 최대한 많은 도시, 나라를 가려고 했던 이유였다. 내 여행이 틀렸다고 생각하진 않지만, 그가 좋아 보이는 건 사실이었다. 나는 자유여행을 하고는 있어도 아직 완전히 자유롭지는 못했다.

여행하며 여행을 배웠고, 또 다른 여행을 꿈꾸고 있다. 자유여행으로, 혼자 여행으로 변해왔듯 다음 여행에선 여행의 의미에 대해 좀 더 나앙하고 신중하게 생각하고 싶다.

CUSQUE

제발 나는 피해 가

'제발 고산병만 안 왔으면 좋겠어.' 이번 여행에서 제발 만나지 않기를 바라는 것이 두 가지 있었다. 강도와 고산병. '저 고산병 때문에 먹지도 못해서 살 엄청 빠졌어요.', '고산병에 적응하려고 하지 말고, 그냥 약으로 버티세요.', '걸리면 답 없어요. 그냥 무조건 쉬어야 해요.' 고산병으로 고통을 호소하며 일정을 다 취소하고 숙소에서 쉬고 있다는, 안타까운 사연들이 남미 여행자 대화방에 심심치 않게 보였다.

내게도 고산병에 대한 기억이 있다. 10년 전, 스위스 융프라우의 기차에서 느꼈던 두통, 두 눈을 감고 빨리 내려가길 바랐던 지끈한 기억이 선하다. 기억이 소환된 이유는 다음 목적지가 고산병의 성지, 쿠스코이기 때문이다. 쿠스코는 마추픽추에 가기 위해 머무는 도시로, 해발 3,400m에 위치했다. 참고로 한라산 해발은 1,950m, 스위스 융프라우는 3,454m라고 한다. 문제는 융프라우처럼 잠깐 갔다 오는 것이 아니라, 저 위에서 며칠간 먹고 자고 걸어 다니며 생활을 해야 한다는 것이었다. 한 번 겪어봐서 그런지 고산병은 두려웠다.

쿠스코로 가는 비행기를 타기 전, 공항에서 고산병약 '소로치필'을 샀다. 공항의 약값이 3~4배 비쌌지만, 돈을 따질 때가 아니었다. '쿠스코에 비행기로 도착하면 고산지대를 갑자기 만나서 더 위험해요'라는 고산병 선배들의 말에 겁을 잔뜩 먹었으니까 말이다.
여기까지 와서 고산병만 얻고 마추픽추에 가지도 못 하는 일을 생각하기는 정말 싫었다. 숙소 주방에 준비된 코카잎(코카인의 주성분으로, 고산병을 예방한다)을 끓여 마시고 약을 주기적으로 먹으며 간절히 기도했다.

20 cápsulas
SOROJCHI PILLS®
Cápsulas contra el mal de altura
Altitude sickness pills
Kapseln gegen die Höhenkrankheit
Comprimés pour prévenir
les effects de l'altitude
VÍA ORAL

무작정 걷기

사람마다 자기만의 여행 테마가 있다. 미슐랭 가이드에 오른 식당 찾아가기, 시장에서 독특한 기념품 사기, 다른 장소에서 같은 포즈로 사진 남기기. 입맛대로, 자기 스타일대로, 자신만의 여행을 즐긴다. 나 역시 여행을 즐기는 나만의 방법이 있다.

'무작정 걷기'
가고 싶은 곳의 위치를 지도로 대충 파악해놓고 발걸음이 이끄는 대로 구석구석 골목을 지나며 쭉 걷는다. 공사 중인 길이 나오면 살짝 돌아서 가고, 저쪽 골목이 흥미로워 보인다 싶으면 경로 이탈을 하기도 하고, 요상한 느낌이 들면 왔던 길을 뒤돌아 가기도 한다. 비록 밤마다 다리가 퉁퉁 부어 있긴 해도, 내가 걷는 방향대로 그 동네의 이야기를 만드는 재미가 쏠쏠하다.

길게 늘어선 줄에 무엇인지도 모르고 따라 섰다가 인생 꽈배기를 맛보고, 사람들이 모여 있는 곳이 궁금해 갔다가 멋진 중년 신사들의 버스킹 연주도 듣는다. 시끄러운 소리가 들리는 길가로 발걸음을 돌렸다가 도로를 점거하고 불만을 토로하는 시위대도 보았다. 옷가게에서 마주친 한국 사람들과 서로 옷을 골라주곤 한인 식당에서 저녁 한 끼를 같이하기도 했다. 모두 '무작정 걷기'의 소소한 행복이다.

내 발길을 빼앗던 쿠스코의 보물을 하나하나 주워 담으며 걷다 보니 어느새 내 손엔 쿠스코가 선물한 보물이 마음 한가득이다.

Claro
DEVELOPED CENTER
DOLARES - EUROS

엄마와 스타벅스

쿠스코의 스타벅스에서만 맛볼 수 있는 치리모야 열매로 만든 프라푸치노를 그냥 지나칠 수 없었다. 아르마스 광장이 보이는 창가에 앉아 쿠스코 시그니처 메뉴를 마시는 내 모습이 꽤 성공한 스타벅스 덕후 같아 보였다. 그렇게 스타벅스 특유의 편안함을 느끼며 여유 가득한 시간을 보내던 중, 엄마 생각이 났다.

"남미에 먼저 가 있으면 엄마가 곧 따라갈게. 마추픽추 스타벅스에서 만나"
콜롬비아부터 시작한다는 내 말에 엄마가 건넨 농담이었다. 역사 선생님인 엄마는 유독 유적지에 관심이 많다. 여행을 함께 할 때면 유적지에 시큰둥한 나와 다르게 엄마는 귀를 쫑긋 세워 가이드의 설명을 들었고, 유적지를 보는 눈은 초롱초롱했다. 그런 엄마가 아주 옛날부터(내가 그곳의 존재도 몰랐을 때부터) 내게 꼭 가보고 싶다고 말한 곳이 바로 마추픽추다.
남미여행 계획 중 유독 부러움을 산 곳이 마추픽추였고, 몇 번씩이고 나와 마추픽추 스타벅스에서 만나자는 약속 아닌 약속을 잡았다.

콜롬비아에서 에콰도르를 거쳐 페루에 왔고, 농담 속 약속 장소인 쿠스코 스타벅스에 도착했다. 미안하게도 나 혼자 스타벅스에 오고 말았다. 엄마는 마추픽추를 정말 가고 싶어 했는데, 이런 분위기에서 향이 좋은 커피를 마시며 즐기는 여유를 엄마도 굉장히 좋아했을 텐데, 엄마와 함께였다면 분명 따뜻한 아메리카노를 한 모금 마시곤 환하게 웃었을 것이다. 그리곤 내게 이렇게 말했을 것이다.
'정민아, 너무 좋다 정말. 엄마가 살면서 딸이랑 페루 스타벅스에 와서 커피를 마실 줄 알았겠니. 엄마랑 같이 와줘서 고마워.'

우리 모녀는 삶과 행복에 대한 이야기도, 불안한 미래에 대해 징징댈 때 '건강만 지키면서 무엇이든 다 해봐'라던 엄마의 토닥임도 나누었을 것이다. 카페가 답답해졌을 때쯤엔 아르마스광장으로 나와 노을을 보며 산책했을 것이고.

농담처럼 흘리던 약속이었지만 내심 이루어지길 바랐던 약속 아닌 약속. 결국, 나만 지켜버린 약속의 장소 스타벅스에서 혼자 앉아 있는 내가 오늘따라 외로웠다. 내 앞 비어있는 의자가 쓸쓸해 보였다.

HECHO
SALIDA

SALIDA

아구아스칼리엔테스

아구아스칼리엔테스(Aguas calientes)라는 동네가 있다. 쿠스코에서 버스로 한 시간 반 거리의 오얀따이땀보, 그 곳에서 다시 잉카레일 기차로 한 시간 반을 달려 도착하는 깊은 산 속에 위치한 곳이다.

여행자들이 마추픽추에 가기 전 잠시 머무는 동네로, 큰 짐은 쿠스코 숙소에 맡기고 필요한 짐만 간소하게 챙겨올 만큼 오로지 마추픽추를 위해 존재하는 곳이다.

대개 여행자들은 딱히 큰 볼거리가 없어 술집으로, 호스텔의 파티로 시간을 보낼지 모르겠지만 진한 녹색의 산 아래 운동장에서 뛰노는 아이들이 있고, 그런 아이들을 바라보며 수다를 떠는 페루 엄마들도 있고, 지나가는 사람은 아랑곳하지 않고 길거리에서 자리를 잡고 노는 꼬마들도 있다.

아주 작은 동네라서 심심할 수 있지만 그들의 일상을 멀지 않은 곳에서 바라볼 수 있었다.

오늘, 마추픽추

어둠이 막 걷히기 시작한 이른 시간, 마추픽추로 가는 5시 30분 첫차를 타겠다는 사람들로 줄을 이뤘다. 일찍 가면 사람도 적고, 덥지도 않아 나도 아침부터 서둘러 대열에 합류했다. 버스 정류장에서 알게 된 W언니는 변덕스러운 마추픽추의 날씨에 대비해 아구아스칼리엔테스에서 2박을 결정했다고 말했다. 마추픽추와 우유니를 위해 남미에 왔다는 W는 그만큼 맑은 날씨의 마추픽추에 대한 열망이 강했다. 그와 달리 계획을 빡빡하게 세워 별다른 대책이 없는 나는, 오늘 하루를 잉카의 기운에 맡기며 천 번이고 만 번이고 '제발 날씨가 좋기를' 기도했다.

마추픽추는 그 명성을 내세우기라도 하는 듯, 가는 길마저 범상치 않았다. 도로를 냈다는 것이 놀라울 정도로 산 속 아주 깊숙한 곳까지 버스는 끊임없이 올라갔다. 옆에는 산꼭대기가, 아래에는 구름이 있는 곳까지.
당연하다는 듯 아무렇지 않게 있는 대자연 앞에서 여행객의 입이 떡 벌어지는 것은 당연한 일이었다.

입장게이트에 도착 후 흔히 알고 있는 마추픽추의 모습을 보기 위해선 약간의 산행을 거쳐야했다. 평소라면 가뿐하게 올라갈 길이었지만, 고산지대라 금세 숨이 찼고, 다리근육엔 힘이 쉽게 들어가지 않았다. W와의 대화에는 점점 공백이 생기고, 말이 사라진 그 자리는 숨소리로 채워졌다. 그리고 헐떡이는 속도가 주체할 수 없게 빨라졌을 때쯤 숨 고르기를 잊어버렸다. 오히려 남아 있던 숨을 탄성으로 내뱉기 바빴다.

오전 6시 반. 채 가시지 않은 안개와 구름 사이로 본 마추픽추의 첫 인상은,

가삐 몰아쉬던 숨을 잊을 만큼 아주 강렬했다.

'세계 7대 불가사의', '잉카의 문명이 살아 숨 쉬는 곳', '누군가의 버킷리스트', '남미에 오는 목적', 다양한 수식어가 붙는 마추픽추는 사실, 나에겐 그리 큰 관심거리가 아니었다. 과거를 말하는 유적지에 대한 흥미도가 비교적 떨어지는 탓에 마추픽추를 대하는 내 자세는 '내가 위대한 마추픽추에 간다니!'라는 떨림보다는 그냥 '유명한 곳에 가는구나.'에 더 가까웠다. 적어도 나에겐 그랬었다. 그래서일까. 크게 한 방 맞은 것 같은 이 기분은.

잉카제국의 위대함은 압도당하기에 충분했고, '여기 미쳤다'는 말을 계속 되풀이해도 모자랐다. 본연의 모습을 온전히 드러내지 않았으면서도 존재감을 내뿜는 마추픽추를 직접 보고서야 비로소 마추픽추의 경이로움을 느꼈다.

나 홀로 밤에

혼자 여행하는 사람의 필수 원칙. '밤에는 혼자 돌아다니지 말기', '사람 없는 골목으로 가지 않기', '귀중품 들고 다니지 말기'. 쿠스코의 마지막 밤 세 가지 필수 원칙을 지키지 않았다.

"나 여기 가고 싶은데 위험해?"
"아니 전혀. 가도 괜찮아"

한밤에 혼자, 카메라와 삼각대를 들고, 후미진 골목길을 지났다. 위험하지 않다는 호스텔 주인 말만 믿고, 강도가 나를 덮쳐도 전혀 이상하지 않고 억울해하지도 못할 골목을 겁도 없이 걸었다. 마추픽추의 감성에 빠져버린 탓이었다. 하루를 더 완벽하게, 조금이라도 더 특별하게 꾸미고 싶어 쿠스코를 한눈에 볼 수 있다는 언덕을 향해 걸었다.

많이 알려지지 않은 언덕에는 결혼사진 촬영을 하는 예비부부와 사진사, 삼각대를 설치하고 야경을 감상하는 한 외국인이 있었다. 그마저도 모두 돌아가고 강아지들의 멍멍 소리, 카메라 셔터 소리가 전부였던 조용한 언덕에 혼자 남았었다.

아쉬운 것이라곤 카메라 렌즈가 광각이 아닌 것, 맥주를 사 오지 않은 것, 쿠스코에서의 마지막 날에서야 올라온 사소한 것들뿐이지만, 때마침 하늘로 솟은 불꽃이 그마저도 털어내 주었다. 아무도 없는 언덕에서, 밤이 얼마나 깊었는지도 모르게, 쿠스코의 야경에 사로잡혀 이 시간을 사랑했다.

겁이 감쪽같이 사라진 건 모두 마추픽추의 감성에 빠져버린 탓이었다. 쿠스코 야경으로 하루를 더 완벽하고 특별하게 꾸미고 싶은 마음이었다.

요란하지 않고 고요한 쿠스코의 밤. 아름다움을 오롯이 담으며 바랐다. 오늘을 잊지 않았으면.

제자리걸음

오후 9시 40분, 쿠스코 버스터미널. 한 시간 뒤, 버스를 타고 볼리비아로 넘어간다. 약 12시간에 걸친 육로로 국경을 넘어야 한다.
몸에 한계가 왔다. 미친 듯이 피곤했다. 이대로 쓰러질 것만 같았다. 마추픽추의 여파일까. 쿠스코의 마지막 밤을 즐기겠다고 늦게까지 돌아다녀서일까. 비타민을 챙겨 먹지 않아서일까. 젖은 머리로 추운 밤을 지낸 탓일까. 내 고질병인 수족냉증 탓일까. 깊게 잠들지 못하고 아침 5시에 깨버린 탓일까.

답은 나와 있었다. 굳이 일을 사서 만들고 항상 자신을 바쁜 사람으로 만드는 내 성격, 한 번 꽂히면 어떻게든 해야 직성이 풀리는 욕심 때문이다. 때로는 열심히 살게 해주는 존재이면서도 나를 혹사하는 주범이다. 욕심은 여행에서도 그대로 나타나 버렸다.
한정된 시간 안에 한 곳이라도 더 보고 싶은 욕심에 일정은 빡빡했고, 매일 그날의 기록을 남겨두자는 약속은 바쁜 여행을 낳았다. 참 어리석었다.

가혹한 성격과 욕심 탓에 제때 풀지 못하고 쌓인 피로는 끝내 폭발하면서 탈이 나고 말았다. 컨디션과 체력은 보기 좋게 밑바닥까지 추락했다. 제정신이 아닌 상태로 버스에 쓰러지듯 몸을 맡기며 깨달았다.
모든 것은 나로 비롯된 것이었다. '여행 가면 뭔가 바뀌겠지' 여행이 알아서 고쳐줄 것으로 생각한 것도 나였다. 무작정 남미 티켓을 끊었고, 무작정 패기만 믿고 엄청난 계획을 저질러버린 것도 나였다. 변하고 싶어 하는 것도 나고, 변해야 하는 사람도 나인데, 나는 남미라는 대륙에서, 같은 곳만 맴돌고 있었다.

남미 7개국 중 유일하게 비자를 발급 받아야 했던 나라 볼리비아. '비자신청서, 여권용 사진, 여권 원본, 여권 사본, 통장 잔액증명서, 황열병 예방접종 확인서, 항공일정 확인서, 숙박예약 확인서'까지 여덟 가지 준비물을 챙기는 것이 여간 귀찮은 일이 아니었다.
그렇지만 볼리비아는 그 노력을 무시하지 않았다. 수고했다며 다양한 보상을 주었다. 낭만, 있는 그대로를 받아들이는 법 그리고 제일 값진 여행 중 만난 새로운 사람들. 볼리비아에서 보낸 나의 시간은 빛날 수 있었다.

볼리비아,
나의 시간은 빛났다

한껏 자유로워지고 싶은 마음

쿠스코 버스터미널에서 우연히 만나 볼리비아 코파카바나에 모인 K, S, O와 나는 여행 중 우연으로 얽히고설킨 사람들이다. 극적인 우연에 기대어 함께 태양의 섬으로 향했다.

"태양의 섬에 침낭만 들고 가. 거기에서 정글의 법칙 찍자. 고기도 잡아먹고 캠프파이어하고 해변에서 침낭 덮고 별 보면서 자자."
"진심이야?"
"응. 같이 하자."

멀쩡한 숙소와 식당이 있는데 굳이 정글의 법칙을 찍잔다. 나도 평범한 축은 아니었는데, 그들의 자유분방함이 마음에 들었다. 말을 튼 지 채 몇 시간도 되지 않은 남자 셋 여자 하나. 뭘 믿고 선뜻 같이 가냐 하겠지만, 그들을 따라 한껏 자유로워지고 싶은 마음에 설레기만 했다.

걱정이 가득한 나와 달리, 변수에 꽤 둔한 사람들이었다. 태양의 섬에 도착하자마자 해안가 근처에 숙소를 잡은 뒤 '섬 정상에 가면 예쁘대'라는 말 하나로 무작정 섬 위로 올라갔다.
아무도 제대로 된 길을 알지 못하면서 '뭐 그냥 올라가면 되겠지'라며 말 그대로 무작정 '위'로만 갔다. 대충 길 같아 보이는 곳을 가다가 그마저 없어져 버리면 큰 바위들을 넘으며 다시 우리의 길을 만들어갔다.

그렇게 오른 정상에서 티티카카호수를 바라보며 힘들었던 여정을 싹 잊고 경치를 좋아할 뿐이었다. 다시 내려갈 때 아주 깔끔하게 정돈된 멀쩡한 길을 보곤 대체 왜 그렇게 잘못 올라왔었는지 허탈해하면서도 '그래도 재밌었어!'라고 웃어넘겼다.

좋으면 좋은 대로, 하고 싶으면 하고 싶은 대로, 마음이 끌리는 대로 행동하는 여행이었다. 함께 한 그들의 자유분방함에 끌렸고, 꾸밈없는 모습에 반했다. 태양의 섬에서의 어디로 튈지 모르는 상황은 그들과 함께했기 때문이었다. 복잡한 생각 없이 단순하고 천진난만한 그들과 선뜻 같이 오길 잘했다.

매일 좋을 수만은 없는 여행을 한다

즐거운 바보들

아름다운 경치를 담은 것도, 절묘한 순간을 포착한 것도, 나의 인생 사진도 아니었다. 지극히 평범하지만, 태양의 섬 정상에서 K, S, O가 노을을 마주하고 있는 사진은 사연을 잔뜩 품고 있다.

티티카카호수를 본 후, 노을을 보며 저녁을 먹기 위해 섬 정상에서 내려오던 길에 당나귀 부자 아저씨를 만났다. 그는 섬 정상에 있는 자기 식당에 가면 뜨루차(송어 요리로, 코파카바나의 명물이다)를 먹을 수 있다고 이야기했다. 하지만 숙소도 해안가에 있고 아무래도 해안가 식당이 더 낫겠지 않겠냐며 가던 길을 갔다.

그런데 이게 무슨 일이지? 해안가로 돌아왔는데 어쩜 사람이 단 한 명도 보이지 않았다. 심지어 그나마 있던 식당은 뜨루차의 재료가 없다며 피자를 팔았다. 우리는 그제야 동네의 중심부가 섬 정상이라는 것을 알았다. 왜 호스텔 호객꾼이 섬 위로 안내를 했었는지, 호객꾼을 거절하고 잡은 해안가 근처 숙소의 투숙객 기록 장부에 왜 최근 투숙 기록이 없었는지, 당나귀 아저씨가 같이 위로 가자는 손짓을 했는지, 모든 것이 이제야 이해가 가기 시작했다. 우리는 엄청난 고민에 빠졌고 머리는 새하얘졌다. '여기 고산지대잖아. 마추픽추보다 더 높은 거 알지? 게다가 우리 쿠스코에서 버스 탄 이후로 배에서 먹은 과자 말고는 아무것도 못 먹었잖아! 너무 힘들다고!' 라고 마음속에서 외쳤지만, 우리는 다시 올라갈 수밖에 없었다.

"그런데 해가 저 반대편으로 지지 않아?"

아뿔싸. K의 말이 맞았다. 노을 보면서 밥 먹자고 내려왔는데, 여기선 노을을 볼 수 없었다. 나를 포함한 바보들은 태양의 섬 정상을 두 번 올라갔다.

'노을 보면서 밥 먹자'는 마음 하나 때문에 울며 겨자 먹기로 올라가고, '해가 진다'고 재촉해 쉬엄쉬엄 가지도 못했다.
고맙게도 우리를 기다려 준, 눈 앞에 펼쳐진 노을을 보며 다들 언제 힘들었냐는 듯 바보 같이 웃었다. 노을을 보며 뜨루차는 먹었으니 '뭐, 나쁘지 않지.'라던 즐거운 바보들이었다.

태양의 조명이 꺼진 태양의 섬, 청춘남녀 넷은 핸드폰 손전등에 의지해 섬을 내려갔다. 제대로 된 가로등이 없어 길을 헤매기도 하고, 당나귀 똥을 밟기도 했다. 핸드폰에 저장된 음악은 나의 흥을 깨웠고, 덕분에 숙소로 돌아가는 길이 심심하지 않았다.

"우와 대박이다"
마치 술을 먹은 것처럼 들뜨기 시작한 건 달을 만난 이후부터다. 새까만 밤하늘에 하얀 보름달이 떠 있고, 호수 위로 달의 밝은 빛이 비치고 있다. 가던 길을 멈추고 각자의 핸드폰에 사진을 담기 바빴다. 보고 있으면서도 믿기지 않아 해안가에 도착하기까지 내내 감탄했다.

태양의 섬, 별 사진을 찍고 싶어 했던 나는 밝은 보름달 때문에 별 사진이 물 건너간 것을 알면서도 신나게 삼각대를 세팅했다. 별 사진보단 빨리 이 시간을 사진으로 기록하고 싶은 마음이었다.
가로등 하나 없는 그곳에서, 보름달이 내는 밝은 빛 아래서, 다른 사람들 없이 맥주를 마시고 사진도 찍으며 놀던 청춘 넷. 외딴 태양의 섬에서 우리만의 추억을 쓰고 있었다.

낭만적이었다. 오늘 태양의 섬에서 있었던 일들은 한 편의 청춘 영화 같았다. 부둣가에서 하얀 달과 호수를 바라보며, 맥주 두 병을 마시고 미친 듯이 놀았다. 그 순간만큼은 내가 태양 섬의 주인이었다.
낭만이 무엇인지, 낭만을 즐기는 법이 무엇인지를 알게 해준 태양의 섬이었다. 앞으로도 몇 번이고 틀어보고 싶은 청춘 낭만 영화다.

엠티 in 코파카바나

볼리비아 코파카바나의 한 숙소에서 고추장찌개가 끓고 있었다. 찌개의 탄생은 그날 낮, 코파카바나의 한 포장마차로 거슬러 올라간다. 코파카바나 해안가에는 뜨루차 요리를 파는 포장마차들이 즐비해 있는데, 그중에서도 '12번 포장마차'가 우리나라 사람들에게 유명하다. 역시나 식당엔 혼자 여행 온 남자 한 명이 있었고 합석해 함께 식사했다.
마침 우리가 짐을 맡겼던 숙소와 그 사람의 숙소가 같아 우리를 방으로 초대해 커피를 대접해주었다. 코파카바나에서 좋기로 소문난 숙소에서 가장 부러웠던 것은 방 안에 있는 부엌이었다. 우리가 부엌을 너무 부러워하는 티를 냈나?

방주인은 뜻밖에
"여기서 저녁 해 먹어도 돼요. 같이 먹죠."

하필 내가 '식품 전공+자취 18개월' 경력이 있는 바람에 다들 나를 쳐다봤고, 방주인이 고추장을 맘대로 써도 된다는 말에 메뉴를 고추장찌개로 정했다. 나는 방장님의 고추장과 부엌, 희미한 고추장찌개 요리법 지식을 사용해 나름 고추장찌개라는 걸 끓였다.

고기, 고추장찌개, 술. 요리하는 모양새는 어설펐어도 한국인 다섯 명이 함께 차려낸 저녁이었다. 시장에서 장을 보고, 굉장히 단순한 메뉴를 준비하면서도 난리를 피우고, 방장님이 제공한 최고의 레시피 '보드카+사이다+라임' 술을 즐겁게 마시는, 학교에서 가던 MT와 퍽 비슷한 저녁 식사였다.

옆에서 S가 나를 보고 '언니 취했다'라고 하는데, 사실이었다. 각자 다른 여행 사연을 꺼내며 MT를 즐기고 있는 자리. 함께 만들어낸 공간이 너무 좋아 가족, 친구들에게 톡으로 '나 지금 너무 좋다'고 신나서 막 보냈다.
어제는 우연한 만남으로 낭만적인 하루를 보냈는데, 오늘도 우연히 생긴 인연으로 함께 즐거운 저녁 시간을 보내고 있다고. 특히 방장님 레시피의 칵테일이 정말 맛있다고.

있는 그대로의 우유니

남미 여행자 대화방에서 들려오는 우유니의 분위기가 심상치 않았다. '우유니에 가뭄이 왔어요', '진짜 최악이었어요' 시기상으로는 우기인데 우유니에 가뭄이 찾아왔다고 했다. 투어를 가도 광활한 호수가 아닌, 트럭으로 소금을 밀어 물이 차게끔 한 인위적인 호수만 볼 수 있다는 것이었다.

우유니를 마주하고 싶지 않은 마음이 생겼다. 기대에 못 미치는 것을 떠나 실망만 가득 안고 오면 어쩌나.
그래도 설마 하는 마음으로 약간의 희망을 가졌지만, 그들의 후기는 거짓말이 아니었다. 휑한 소금사막은 전혀 감흥이 없었고, 소금호수엔 트럭으로 밀어낸 소금 더미들이 군데군데 있었다.
물론 가이드가 찍어준 사진은 가뭄이라곤 전혀 느껴지지 않는 꽤 괜찮은 우유니가 담겨 있었다. 하지만 전혀 신나지 않았다. 소금사막의 원근법 촬영을 위해 소품까지 준비해갔지만, 내가 아무리 사진 찍는 것을 좋아해도, 굳이, 억지로, 이렇게까지 해서 사진을 남겨오고 싶지 않았다. 내가 원한 것은 왔다 간다는 인증샷이 아닌, 자연스러운 우유니였다.

그렇지만 문득 그런 생각이 들었다. 왜 우유니를 즐기지 못하고 있는 거야? 기대와 다르다는 이유 때문만은 아니었다. 단지 나만의 독특한 우유니 인생샷을 남기고 싶었던 것이었고, 그러지 못해 실망한 것이었다. 소금사막의 원근법 사진이 생각보다 잘 나오지 않았고, 광활한 호수에서의 완벽한 반영사진이 아니어서 그랬다. 우유니가 아닌, 우유니에서의 사진에만 욕심이 가득했던 나였다. 그래서 괜히 가이드의 열정과 인위적인 호수 탓을 했다. 엉뚱한 곳에 기대의 탑을 잔뜩 쌓은 것은 나였지 우유니는 잘못한

것이 없었다. 너무 어리석었다. 고작 사진 때문에 투덜댔다니. '여기까지 와서 뭐 하는 거야 정말. 아무튼 여기는 소금호수 우유니가 맞잖아!'

모든 것은 마음먹기에 달려있었다. 우유니 사진이 아닌, 우유니에 집중하기 시작하자 하늘이 비치는 호수가 보였고, 우유니만의 노을에 감탄도 했고, 밤하늘의 수많은 별을 눈동자에 찍었다.

라파스 공항에서 만났다 우연히 다시 만난 W에게 '이렇게 된 거 막 찍어주세요!'라며 카메라를 넘기곤 우유니의 있는 그대로를 즐겼는데 최고의 인생샷이 남았다.
지금 얼마나 편한지, 얼마나 기분이 좋은지가 느껴지는, 행복이 얼굴에 묻어나는 내가 있었다. 그런 나와 하늘이, 하늘 속 구름이 호수에 비치고 있었다.

자연스러운 내 사진이었다. 맘껏 자랑해야지. 10년이 지나도 자랑해야지. 누군가 내 20대를 물으면, 이 사진을 보여줘야지. '이게 나야! 남미에서 이렇게 잘 살았다니까! 그리고 내가 이런 곳에 있었다고!'라면서.

SNS 여행 정보페이지 '여행에 미치다(여미)'에 소개되는 여행자들을 보면서 여행의 패러다임이 바뀌었다. 혼자 가는 여행에 도전한 것도, 사진에 더 관심을 두게 된 것도, 여행의 진정한 가치를 알게 된 것도 여미 덕분이었다.

남미 여행 3주 전에 열린 여미 사무실 오픈 기념에도 갔었다. 여미에 대한 깊은 애정과 새롭게 알게 된 여미 팬들이 생겼다. 내 여행의 폭이 조금 더 넓어진 의미있는 자리였다.

우유니에서 그때 인연의 끈이 이어졌다.
"여미에 '코쿠(COCU)'라고 사진 찍는 분 알아?"
"아니, 왜?"
"그분도 방금 우유니에 도착했대서"
여미 집들이에서 알게 된 M에게 내가 곧 우유니에 간다고 하자, 여미에서 유명한 사진작가도 우유니에 왔다고 알려주었다. 만나보고 싶긴 했지만, 사진작가와 아는 사이도 아니고, 나보다 하루 먼저 도착했다고 하니 투어에서 만날 일은 없겠다 싶었다.

우유니 호수의 노을을 만끽하고 있던 때, 삼각대를 설치하고 사진을 찍는 한 사람이 눈에 띄었는데, 그가 '여행에 미치다 COCU'라고 쓰인 축구 유니폼을 입고 있었다. 너무 놀란 나머지 그에게 다짜고짜 여미 팬이라고 하며 인사를 건넸다. 여미 집들이 인연의 끈이 이어지는 순간이었다.
그의 일행들은 공정 여행가 한꽃거지님이 학교를 세운 뽀꼬뽀꼬라는 마을에서 벌일 잔치를 위해 볼리비아에 온 것이었다. 그리고 내일은 시장에 장을 보러 간다고 했다.

"저도 내일 같이 가도 돼요?"
"네, 그럼요"

무턱대고 내일을 바꾸었다. 원래 계획은 우유니 근교를 둘러보는 데이투어였지만, 꼬리에 꼬리를 무는 여행이 어디까지 뻗어갈지 궁금했다. 여행은 또 다른 여행을 만들고, 인연은 새로운 여행으로 이어지는 재미난 굴레가 계속되길 바랐다.

새로운 사람, 새로운 이야기

'나의 즐거움이 브랜드가 되다'라는 슬로건을 내걸고 대학생들이 만드는 퍼스널 브랜딩 독립 잡지 '청춘B ㅏ 보'의 운영팀으로 활동했었다. 자신만의 즐거움과 스토리를 만드는 청춘들을 찾아 인터뷰하고 잡지로 제작했다.

잡지를 통해 패션디자이너, 여행가, 모델, 삽화가, 앱 개발자 등 다양한 분야의 사람들을 만났고 그들의 이야기를 들었다. 나와 아주 다른 방향의 삶을 사는 사람들의 이야기는 꽤 흥미로웠다.

이후 한 사람이 가진 그만의 스토리를 듣는 것이 좋아졌다. 어떻게 살아왔는지, 앞으로의 목표, 가치관, 삶에 대한 태도 등 각자 고유의 이야기를 듣다 보면 내가 생각지도 못한 세계로 안내받기도, 깨달음을 얻기도, 반대로 내 신념을 더 굳히기도 했다. 그런 과정에서 스스로 성찰을 하며 나는 분명 더 넓어지고 깊어졌다.
나를 성장시킨 좋은 자극제들이었다. 더욱이 내가 얼마나 좁은 시야를 갖고 있었는지도 알게 해주었다. 그래서 나는 다양한, 이왕이면 나와 전혀 다른 분야의 새로운 사람들을 만나는 것을 좋아한다.

우유니에서의 하루는 아주 완벽히 설레는 조합이었다. 셰프 호칭이 어색하다는 E는 요리를 가르치는 선생님이자 팝업 다이닝을 운영했고, '세계 모든 곳이 제집이에요'라는 세계여행가 I는 우유니 라면집 사장님이 알아볼 만큼 내공이 상당했다. 통신업에 일하는 커리어우먼 Y, 휴학생인 나까지. 조합 자체가 재밌어서 입꼬리는 계속 올라가 있었다.

나와는 너무 다른 이들의 이야기에 한번 놀라고, 생각조차 못 해본 가치관과 삶의 방향에 두 번 놀랐다. 데이투어를 포기하고 따라나섰던 그들과 만남은 이제껏 내가 한 번도 생각하지 못했던 삶을 내게 들려주었고, 덕분에 나는 더 넓은 사람이 되었다.

Saint Park
87

언제인지 정확하게 기억나진 않지만, 칠레를 소개하는 한 TV 프로그램을 보며 '언젠가 한 달 넘게 넉넉하고 여유 있게 가봐야지'라는 생각을 했었다. 길쭉한 지형 덕분에 사계절을 모두 느낄 수 있는 곳이라는 매력에 꽂혔었다. 그만큼' 볼거리가 많겠다며 '칠레에 가면 매일 색다르겠다!'고 생각했었다.

솔직히 칠레의 머리 부분인 아타카마를 떠나야 할 땐 어릴 적 소망이 기억나지 않을 만큼 발걸음을 선뜻 떼기 어려웠다. 일주일 안에 칠레 꼬리까지 달려가야 하는 일정이 버거웠다.

다행히 칠레는 매일 다른 모습을 선보였다. 남미와 유럽이 섞인 수도, 예쁜 마을, 지진, 산타클로스 할아버지, 마지막으로 대자연 토레스까지 이어진 칠레의 모습은 다채롭고 풍성했다.

칠레,
하루하루가 색다른

바디랭귀지

해외여행을 하는 사람들이 가장 걱정하는 것이 '언어'문제가 아닐까 싶다. 나 역시 걱정이 돼 야심 차게 스페인어 공부를 시작하긴 했지만 읽는 법만 익히곤 책을 덮어버렸다. 하지만 크게 걱정이 되진 않았다. 영어가 어느 정도는 통한다고 하니 그것만 믿고 어련히 되겠지 싶었다.

볼리비아에서 칠레로 버스를 타고 넘어가는 날. 잠에서 깨자마자 떠오르는 수많은 텍스트로 머리가 복잡해졌다. '뭐야. 지금 몇 시지? 망했다. 제발.' 동물적인 감각으로 핸드폰을 찾아 시간을 확인했다. 오전 5시 53분. 어제 미리 사놓은, 하루에 한 번뿐인 칠레행 버스 시간은 오전 6시. '버스터미널까지 갈 수 있을까. 망했다. 불가능해. 내일 넘어가도 일정이 괜찮나? 아냐, 어쩌면 가능할지도 몰라.' 어젯밤 혹시 몰라 피곤함을 이기며 겨우 짐을 싸놓은 게 얼마나 다행이던지. 침착하게 렌즈를 끼고 방에서 황급히 나와 로비 소파에서 꾸벅 졸고 있는 직원을 다급하게 깨웠다.

"빨리 체크아웃해줘! 6시 버스 타야 해!"
잠에서 막 빠져나온 직원에게 영어로 체크아웃해달라고 보챘다. 그런데 직원의 눈은 비몽사몽에 '영어 몰라요'다. 정말 미칠 노릇이었다. 1분 1초가 급한 내가 할 수 있는 최대한의 것은 초조한 눈빛으로 손목을 두드리고, 밖을 가리키며 '빨리 나가야 한다'는 뜻의 바디랭귀지로 어필할 뿐이었다. 다행히 직원은 이해했는지 숙소의 자물쇠, 숙소 밖 대문의 자물쇠를 후딱 따주었다. 나 때문에 자다가 날벼락 맞은 그에게 고맙다는 인사를 연신 하며 숙소 밖으로 나왔다.

ACADEMIA
DE
GUITARRA
PIANO
BAJO
VIDA ZEN
VELAS ACEITES
ART. FENG SHUI
AMULETOS ORIONES

남은 시간은 3분. 뛰어가면 충분히 가능한 거리였다. 그러나 우유니도 고산지대였다. 가방과 캐리어를 든 채로 전력 질주란 불가능했다. 오전 6시 2분, 결국 숨을 헐떡이며 버스가 떠나가는 것을 지켜볼 수밖에 없었다.
체크아웃도 해버렸으니 아침부터 길가에 나앉게 됐네. 그래도 혹시나 다른 버스 편이 있을까 싶은 실낱같은 희망을 붙잡고 매표소에 갔다. 어제 내게 표를 끊어줬던 아저씨였다.

"깔라마? 버스 떠났어."
"네, 알아요."
어제 왜 알람을 맞출 새도 없이 잠들어 버렸을까요. 망연자실한 나는 잔뜩 울상을 하곤 한참을 일시 정지 상태로 가만히 서 있었다. 매표소 아저씨, 아주머니가 내게 다른 방법을 말하는 것 같았지만, 전혀 알아듣지 못하는 스페인어였다. 이때 말이라도 통한다면 그나마 뭐라도 해볼 텐데 답답할

따름이었다.

누군가와 바쁘게 통화를 하던 아저씨가 갑자기 내게 따라오라는 손짓을 하곤 나를 택시에 태웠다. 아저씨는 택시기사에게 급하게 무어라 말을 했고, 잘 가라는 손 인사도 건넸다. 아! 국경까지 데려다주려는 건가! 그래서 아까 매표소 아저씨가 나한테 '딱씨!딱씨!'라고 했구나! 이제야 상황파악이 된 나는 택시기사가 킥킥 웃으며 두 손으로 잠자는 동작을 하는 장난에 기절하는 시늉으로 답하는 여유도 부렸다. 그렇게 점점 마음의 안정을 취할 때 쯤, 이럴 수가! 말도 안 돼! 택시기사가 데려다 준곳에는 아까 내 눈앞에서 떠났던 버스가 서 있었다. 아까 매표소 아저씨가 그렇게 다급하게 통화를 한 이유가 버스를 멈추려고 그런 거였구나!

12월 18일 오전 6시 15분, 늦잠을 자느라 눈앞에서 놓친 버스를 스페인어 한마디 하지 않고 탔다. 30분 사이에 일어난 스펙터클했던 '버스 타기 미션' 성공에 큰 몫을 한 것은 바디랭귀지였다.

매일 좋을 수만은 없는 여행을 한다

매일 좋을 순 없지

여행이 매일 좋냐고? 아니다. 일이 잘 풀리지 않아 '오늘 좀 많이 이상한데?'라며 고개를 절레절레 짓는 그런 날, 먹구름이 나만 졸졸 따라다니는 것 같은 날, 하늘을 보며 오늘 나한테 왜 이러냐며 투정 부리는 날이 있다.

이번 여행 중엔 하필 그날이 칠레로 넘어가는 날이었다. 볼리비아 우유니에서 칠레 산페드로 데 아타카마로 가는 직행버스가 매진되어 할 수 없이 칠레 깔라마를 거치는 방법을 선택했다. 깔라마는 되도록 피하라고 할 만큼 악명 높은 곳이라 막차를 타고라도 오늘 아타카마에 가는 것이 목표였다. 놓쳤던 버스를 기적적으로 잡아탄 건 감사할 일이었지만, 오늘은 정말 이상한 날이었다.

오전 6시 15분에 탄 깔라마행 버스는 가운데 통로까지 사람이 꽉 차 피난버스를 방불케 했다. 내 28번 좌석엔 이미 다른 아저씨가 앉아있었지만, 내가 늦게 타서 그러려니 할 수밖에 없었다. 통로에 풀썩 앉아 두 시간 동안 버스의 덜컹거림을 느끼며 볼리비아 출입국사무소까지 갔다. 출국 도장을 받은 후엔 다행히 버스 안내 아주머니가 내 자리에 앉은 아저씨를 쫓아 내준 덕분에 버스 시트에 몸을 기댈 수 있었다.

이제 편하게 칠레 출입국사무소까지 가나 했는데, 버스가 얼마 가지 않은 곳에서 멈춰 섰다. 영문도 모른 채 그냥 다른 승객들을 따라 내렸더니 허허벌판에 버스 몇 대가 서 있었고 장터가 열렸다. 한시가 급하게 깔라마까지 가야 하는데 이게 대체 무슨 일이람.
버스를 갈아타야 한단다. 볼리비아와 칠레 사이의 지역인데, 칠레 입국심사사무소까지 가려면 그곳에서 여기까지 오는 승객들과 버스를 맞바꿔야 한다고 무한정 기다리라고 했다. 끔찍했다. 눈만 감으면 바로 잠들 정도로 컨디션은 엉망인데, 황량한 사막에서 끝도 없이 기다리라는 것은 굉장한 고통이었다. 간간이 부는 바람은 모래로 눈과 입을 괴롭혔고, 건조한 기후에 멈출 생각이 없는 코피와 뜨거운 태양이 가져다준 두통까지. 이미 바닥을 치고 있던 체력에 시간에 대한 불안감까지 더해져 나는 더욱 메말라갔다. 쓰러지지 않은 게 다행이었다. 그렇게 버티고 버텨 칠레 국경에서 입국 도장을 받기까지. 자그마치 5시간이나 걸렸다. 게다가 다른 절차가 또 남았다고 더 기다려야 했다.

한참을 기다리다가 완전히 지쳐버렸다. 오늘 왜 이러냐고 하늘에게 투정을 부리는 것도 지쳤다. 모래 위에 아무 의미 없는 낙서를 하고, 애꿎은 여권만 뒤적였다. 조금은 덜 지루하지 않을까 싶은 행동들만 그렇게 영혼 없이 행했다. 시간을 때울 만한 혼자 놀이도 더 존재하지 않을 때쯤, 웃음이 픽- 나왔다.
항복의 웃음이었다. 내가 졌다. 어이없는 웃음과 정말 심하다며 손뼉을 치는 옵션으로 긴 기다림을 인정했다. 입국심사 후, 버스에서 모든 짐을 빼 일렬로 세운 뒤 강아지가 냄새를 맡으며 수색을 하고, 사람이 직접 가방을 하나하나 열어보면서 검사를 해도 이젠 그냥 그러려니 했다. 바보같이 아타카마까지 가는 것이 실패로 돌아가고 나서야 알았다. 처음부터 얌전히 기다리는 게 최선이었다는 것을.

애초에 초호화 럭셔리 여행이 아닌, 몸으로 부딪히는 여행을 온 거잖아. 원래는 늦잠자서 칠레도 못 올 뻔했으면서. 내가 초조해하고 투덜댄다고 변하는 건 없었어. 깔라마? 내가 조심하면 되겠지 뭐. 그래 맘대로 해. 어디까지 기다리나 보자며 모든 걸 내려놓았다. 모래 바람이 불면 눈을 감았고, 코피가 나면 휴지로 막았고, 두통 때문에 힘들면 관자놀이를 지그시 누르

EXP. 11 DE JULIO

면 됐다. 피할 수 없는 존재가 된 깔라마에 대한 불안함은커녕 지나가는 강아지가 귀여워 보이면서 모래바람도 시원하게 느껴졌다. 심지어 남은 볼리비아 돈을 탈탈 털어 감자칩의 짭조름함을 즐겼다.

여행 중에 먹구름이 끼는 날도 곧 여행이었고, 칠레의 사악한 입국심사도 여행의 일부라는 것을 왜 잊고 있었을까. 왜 당연히 편해야 하고, 원하는 대로만 되길 바랐던 것일까. 불편하고 뜻대로 되지 않아도 볼리비아에서 네 번째 나라 칠레로 가는 여행을 하고 있다는 사실은 변함이 없는데. 매일 맑은 날이 아닌 것에 초조해 하는 것보다 먹구름이 낀 날도 있다는 것에 끄덕이는 것이 더 쉬운데. 그래, 칠레 네가 얼마나 어마어마하면 입국을 이렇게 힘들게 만들었겠어. 앞으로 칠레의 꽃길만 걸으라는 액땜으로 생각하지 뭐. 이렇게 인정하면 되는데 말이야.

나는 먹구름에 덤덤해지며, 매일 좋을 수만은 없는 여행을 하는 중이다.

정답은 없다

늦잠을 잤다. 빨리 벗어나려고 했던 깔라마에서 생각보다 몇 시간 더 늦게 떠나게 되었다. 여유롭게 기지개도 켜보고 뭉그적거리며 침대에서 나왔다. 에이, 좀 늦게 출발하자.

아타카마로 가는 버스 안, 창밖엔 모래 언덕이 몇 시간째 계속 펼쳐지고 있었다. 평소라면 부족한 잠을 채웠겠지만, 오늘따라 별 것 없는 풍경이 지루하지 않았다. 여행이 내게 가져다준 변화를 마주하는 순간이었다.

나는 이번 달의 목표, 이번 학기의 목표, 여행 계획 등. 내게 가장 잘 어울리는 최상의 시나리오를 짜곤 했다. 문제는 100% 이행해야만 옳다고 생각했다. 그것만이 정답이라고 여겼다. 그 때문에 시나리오의 수정을 인정하지 못했던 고집은 항상 조급함으로 이어졌고, 일이 조금이라도 틀어질까 하며 마음을 졸이곤 했다. 혹여 계획에서 1%라도 어긋나면 그것을 오점으로 보곤 나머지 99%의 성공에도 충분히 만족하지 못했다.

남미에서의 지난 3주, 내겐 수많은 1%가 찾아왔다. 금방 해결할 수 있는 것부터 계획을 완전히 뒤엎게 만드는 1%까지. 내가 전혀 알지 못하는 지구 반대편의 대륙으로 여행을 왔으니 당연하지만, 그때는 자꾸만 계획과 어긋나는 상황들이 썩 마음에 들지 않았다. '이게 여행이지. 이것도 남미 매력이지'라며 바뀐 시나리오를 좋아하긴 했어도 마음 한구석에 남은 미련 가루들을 만지작거리곤 했다. 쿨한 척엔 고수였다.

이제야 알아차렸다. 버스 창밖의 파란 하늘과 사막을 보며, 미소를 지었다.

정답은 없더라고.

아무리 달려도 계속 사막이네. 풍경을 직접 보고 있다는 게 말이 안 되잖아. 어제저녁에 이동했으면 잠을 자느라 못 봤을 텐데. 오히려 잘된 건가. 사막이 이렇게 예쁜 곳이었구나.

최악이라고 생각했던 깔라마에 낙오된 것은 실패가 아니었으며, 여행의 오점도 아니었다. 식당 직원도 친절했고, 길을 물어보자 그림까지 그려주면서 설명해준 사람도 있었다. 괜히 필요 이상으로 초조했었다. 만약 내가 최상이라고 생각한 시나리오(밤에 아타카마에 도착해 바로 숙소에서 잠드는 것)대로 착착 진행되었다면, 내겐 깔라마의 아침도, 버스를 타면서 본 사막의 풍경도 없었을 것이다.

완벽한 정답이란 없고 내게 주어진, 다시는 오지 않을 순간을 받아들이고 최선을 다하면 충분한 것이었다. 내 앞에 펼쳐진 사막을 원 없이 보고 즐거워했다면, 그러면 됐다. '이전의 나라면 아타카마의 오전을 놓쳤다며 입이 삐죽 나왔을 텐데, 여유로워졌네.'라며 여행이 내게 가져다준 긍정적인 변화를 부쩍 느꼈다.

별 남기기

나는 '카알못(카메라를 알지 못하는 사람)'이다. DSLR이 내 손에 들어온 지 9년이 넘었고, 여행을 갈 때 항상 함께했다. 하지만 조리갯값이라든가 셔터 속도라든가 하는 기본적인 지식조차 모르고 있다. '전문직으로 사진을 찍는 사람도 아닌데 굳이 그렇게까지 알아야 하나'라며 느낌대로 찍어왔다. 그러니 삼각대라는 것도 내 카메라 9년 역사에선 찾아볼 수 없는 존재였다.

드라마 〈별에서 온 그대〉의 도민준은 이런 말을 했다. '내가 지구상에서 가장 좋아하는 곳이야. 일조량 많고 건조하고 하늘도 맑아서 밤이 되면 사막 위로 별이 쏟아진다는 기분이 들기도 해'라고. 그곳이 바로 칠레 산페드로 데 아타카마다. '나도 별 사진 찍어볼래.'하는 욕심이 생겼다.

'카알못'이었던 나는 여행을 앞두고 '별 사진 찍는 법'을 공부했다. 준비물인 DSLR용 삼각대도 사서 캐리어에 꾸역꾸역 넣어왔다. 오직 별 사진을 위해. 그런데 막상 그렇게 고대하던 아타카마에서 삼각대를 펼치게 되는 날, DSLR이 서운하게도 정작 카메라에 신경을 쓰지 못했다. 오로지 차의 라이트에만 의지해 이동한, 가로등 하나 없는 깜깜한 도시 외곽에서 본 하늘은 내가 이제까지 알던 밤하늘이 아니었다.

별이 빼곡하게 들어차 있는, 도저히 믿기 어려웠던 하늘. 별은 쏟아져 내리고 있었다. 눈을 한 번 깜빡이면 내 눈동자에 별이 새겨질 것 같이. 계속 별을 맞고 있으면 진한 자국이 남을 것 같이. 손을 뻗으면 별 가루가 묻어날 듯했고, 수많은 별을 시리얼처럼 한 스푼 뜨고 싶은 마음이었다. 칠레 아타

카마의 밤하늘은 황홀했고, 또 황홀했고, 계속 황홀했다.

별 사진 두 장. 9년 역사의 카메라 사진첩에 들어가기 위해 쏟은 기내와 노력에 비교하면 '고작 두 장'일지 모르겠지만, 나는 이 두 장이 고마웠다. 내가 아타카마에 온 것도, 밤 11시의 별 투어를 등록한 것도, 모두 별 사진에서 시작된 것이니까. 별을 카메라에 남기러 갔을 뿐인데, 별은 내게 더 많은 것을 남겼다. 별을 보고 실컷 좋아해 보는 법과 온몸이 콩닥콩닥해 새벽 두시가 넘도록 잠이 오지 않게 만드는 별이 주는 감성을 알게 되었다.
그 전엔 몰랐던 값진 것들. 별이 남긴 두근거림이 그리워 밤하늘을 더 자주 쳐다보고 종종 별을 보러 떠날지도 모르겠다. 칠레 아타카마의 별이 준 감성은 사진 두 장과 함께 오래도록 내게 남아있을 것이다.

모든 것이 완벽했다

여행의 절반이 지나도록 나는 여전히 무식한 여행자였다. 아타카마에서 유명하다는 '달의 계곡'에 큰 기대는 없었다. 사막엔 더 이상의 감흥이 남아있지 않았다. 페루 와카치나에서 모래 위를 뒹굴기도 했고, 오아시스의 낮과 밤도 봤고, 이곳까지 버스로 오는 내내 멋진 사막을 실컷 봤는데 굳이 투어까지 하면서 보고 싶은 마음은 없었다.
아타카마는 지구에서 가장 건조한 곳답게 내리쬐는 햇볕은 뜨거웠고, 입은 종일 바짝 타들어 갔으며, 사막 모래에 발이 푹푹 꺼지는 탓에 금세 지쳐버리기 일쑤였다.

웃기게도, 나는 '달의 계곡'에 반해버렸다. 달의 표면을 닮아 붙여진 이름답게 거대한 암석이 가득한 '달의 계곡', 영화 〈스타워즈〉에서나 볼 법한 대

매일 좋을 수만은 없는 여행을 한다

자연의 사막이었다. 생각지도 못한 자연에 받은 충격 앞에선 모래바람과 더위 따위가 더 이상의 문제는 아니었다. 투어에 같이 온 O 역시(아타카마에서 다시 만났다) 그랬다. '누나 너무 덥다 진짜. 이건 아닌 것 같아.'라며 더위에 지쳤던 O도 어느새 물병을 내팽개치며 사진 남기기에 바빴다.

"여기 비 오면 예쁘겠다."
"저번에 폭우가 온 적 있는데, 분홍색으로 됐대요."
"아 진짜? 어떻게 알아?"
"투어 가이드 설명 안 들었죠?"

여행의 절반을 보낸 지금, 컨디션 조절은 완벽하게 실패했다. 아름다운 경치만 보면 제발 좀 쉬라는 몸의 신호를 무시하고, 뺄뺄 돌아다녔으니까 그럴 만도 하다. 몸에는 미안하지만, 오늘도 역시 몸의 신호를 못 들은 척해야 했다. 그냥 잠들기 싫은, 하루를 어떻게든 연장하고 싶은, 남은 시각을 좀 더 근사하게 장식하고 싶은 딱 그런 날이었다. 사막이 좋아서, 아타카마가 좋아서, 내가 언제 또 사막에 올까 싶어서.

아타카마에 내 발자국을 더 남기고 싶어 또 밖으로 나왔다. 그리고 모든 것은 훌륭했다. 아타카마의 밤을 더욱 깊게 만드는 술집의 라이브 밴드 연주, 칵테일 두 잔에 취해 몽롱한 상태로 하는 밤 산책, 사막의 밤바람, 까만 하늘 아래 주황빛의 가로등마저. 아니, 그냥 모든 것이 완벽했다. 내가 아타카마에 있다는 것 자체가.

산티아고 앨범

나는 사진앨범을 갖고 있다. 희미하게나마 어딘가에 보존되어 있다가 자기 멋대로 불쑥 펼쳐지는 탓에 잠시 그곳에 갔다 오게 하는 그런 앨범이다.

나의 제멋대로 앨범은 칠레 수도 산티아고 공항에서 시내까지 가던 버스에서 펼쳐졌다. 원래 지금까지 그랬던 것처럼 수도는 피하려고 했다. 딱히 가고 싶은 곳도 없었고, 소매치기가 난무하는 곳이니 칠레 역시 숙박만 하고 다음 날 벽화가 예쁘기로 유명한 근교 '발파라이소'에 다녀올 생각이었다.

그런데 불현듯 앨범의 '2016년 2월 스페인 여행' 페이지가 나타나 버렸다. 지금까지 다녀온 나라 중 어디가 가장 좋았냐는 물음에 망설임 없이 스페인이라고 대답한다. 아주 서툴고 긴장이 가득했지만, 나의 첫 혼자 여행이었기에 '그냥 다 좋았어.' 하며 최고였다고 말하는 스페인 여행이다.

혼자 걷던 골목도, 혼자 먹던 와인과 타파스도, 몇 시간에 걸친 장거리 이동도 모두 또렷하게 기억난다. 구석구석을 무작정 걸으며 가졌던 혼자만의 생각 정리도, 바르셀로나 거리를 걸으며 느꼈던 뿌듯함 역시 좋은 추억으로 남아 있다. 아직도 생생한 그때를 떠올리기만 하면 괜히 짠해지고 아련해지는 존재다.

칠레가 스페인의 식민 지배를 받은 슬픈 역사 탓일까. 칠레 산티아고의 길거리에서 스페인과 비슷한 향기가 났다. 그 때문에 지난겨울의 앨범이 펼쳐졌나 보다. 추억의 힘은 대단하지. 산티아고에서 그동안의 수도가 지녔던 복잡하고 어수선한 공기가 아닌, 오히려 묘한 익숙함과 친숙함이 느껴

졌다. 이렇게 나는 산티아고에 발이 묶여 버렸다.

다음 날, 지하철로 몇 정거장을 가야 하는 거리를 산티아고에서도 무작정 걸으며 앨범을 차곡차곡 채웠다. '스페인과 비슷한'이 아닌, 산티아고만의 한 페이지로. 앨범엔 '남미와 유럽' 두 가지의 색이 절묘하게 섞인, 한여름의 크리스마스를 준비하던 산티아고만의 매력이 물든 페이지가 들어왔다.

저기 먼 곳의 친구

여행하다 보면 언제나 그렇듯, 어디서 왔냐는 물음이 1순위였고, '중국인?'이라고 묻는 경우도 허다했다. '꼬레아!(Corea)'라고 답하면 길거리의 광고판을 가리키며 '쌈쑹(삼성)', '끼아(기아)'하는 것도 비슷한 레퍼토리다.
남미 사람들의 특징을 꼽자면 꼭 'Corea del Norte(북한)?'라는 장난 섞인 2차 질문이 따라왔다는 것이다. 거기에 내가 기겁하듯 'No~ Corea del Sur(남한)'라고 장난을 받아주면 깔깔거리며 웃는다.

"Hi, Are you Korean?"
호스텔 거실에서 쉬고 있는데 내 또래로 보이는 한 외국인 친구가 한국인이냐며 다가왔다. 대부분 어느 나라에서 왔냐고 묻는데, 단번에 한국인이냐고 물었다.
남미에서는 우리나라가 '분단국가'라는 사실 외에는 별다른 관심이 없다고 생각했다. 그런데 내 또래로 보이는 친구가 한국 사람에 관심을 두다니? 무슨 일인가 싶었다.

"난 여기 호스텔 직원인데, 게스트 명단에서 Korea라고 적힌 걸 봤어. 딱 너일 것 같았지. 난 한국에 엄청 관심이 많아!"

아! 뉴스에서 한류 열풍이 남미에도 분다고 봤는데! 이 정도였구나. 가수는 방탄소년단, 배우는 이민호를 가장 좋아한다는 그녀는 내년 3월에 방탄소년단이 칠레에 온다며 굉장히 들떠 있었고, 우리나라에서 한창 방영 중인 이민호 주연의 〈푸른 바다의 전설〉을 나보다 더 실시간으로 보고 있었다. 그리고 그 관심은 한류를 넘어 한국이라는 나라까지 뻗어있었다.

Tanner
Tanner
Men's Health
CAMBIO2

"친구랑 돈 모아서 한 달 정도 한국에 가기로 했어. 그래서 이 일도 하는 거야. 제주도는 꼭 가고 싶어. 정말 아름다운 섬인 것 같아. 혹시 기회가 된다면 눈 내리는 겨울도 보고 싶어. 산티아고는 겨울에도 눈이 안 오거든."
"그러면 9월에서 11월 사이에 오는 게 좋을 거야! 날씨가 제일 좋고 운이 좋으면 11월엔 눈도 볼 수 있거든!"

"유튜브 보니까 언니, 오빠라는 말을 많이 쓰던데, 그럼 나이 많은 분들한텐 뭐라고 해?"
"이모, 삼촌이라고 하면 좋아하실 거야!"
"좋아. 꼭 기억해서 주문할 때 써먹을게."

국적 불문하고 또래 여자 둘이 만나니 수다가 끝이 없었다. 특히 주제가 연애 · 문화 · 외모로 넘어갔을 땐 더 활기를 띠었다.

예쁜 마을 푸콘

야간 버스를 타고 이른 아침에 맞이한 푸콘, '푸콘에 잘 왔다'며 나를 반기는 따뜻한 아침 햇살, 발걸음을 옮기는 곳마다 피어있는 수국, 조용한 골목길을 더 차분하게 해주는 초록 나무와 풀, 부드러운 파란색의 하늘과 그 속의 하얀 설산, 레고 캐릭터들이 살 것 같은 아기자기한 집들, 우연히 지나가다 찍힌 아저씨도 멋진 스냅사진이 되고, 길가의 흔한 꽃들도 절대 그냥 지나칠 수 없게 만들었다.

쿠키와 과일을 바구니에 싸 와 체크무늬 돗자리 위에서 잔잔한 어쿠스틱 음악을 들으며, 일기를 쓰는 장면이 어울리는 호수, 가족과 함께 호수 앞에 앉아 향이 끝내주는 커피를 마시며, 한가한 시간을 보내고 싶게 만드는 할아버지의 여유로운 뒷모습, 평화로움을 더하는 깔끔한 호수 위에 잔잔하게 떠 있는 요트와 보트들. 모두 그림 같은 풍경이었다.

부두 출입이 불가능한줄 알고 멀찍이서 사진을 찍고 있던 내게, '들어와서 사진 찍어도 돼!'라며 자신의 배들을 자랑하던 요트아저씨 덕에 내 버킷리스트에 어느새 적힌 '요트에서 샴페인 마시기', 내륙 지방 푸콘에서 바다에 온 것 같은 착각을 불러일으키는 푹푹 꺼지는 검은 모래, 선배드, 파라솔, 수영복 차림의 아저씨도 있었다.

여행은 편한 옷이 짱이라지만, 예쁜 곳에서 깔끔한 모습도 남기고 싶어 가져온 셔츠 한 장을 꺼내 입게 만드는 곳. 오전엔 신선한 빵과 채소가 가득한 비싸고 맛있는 브런치를, 오후엔 달콤한 초코케이크를, 밤에는 화이트와인을 찾게 만드는 곳. 유명하다던 액티비티를 뒤로 하고 얌전히 포근한 날씨를 즐기고 산뜻한 기분을 만끽하게 만드는 곳.

어떠한 화려한 미사여구 없이 단순하게 '예쁜 마을'이라는 말이 가장 잘 어울리는 푸콘은 내가 나에게 줄 수 있는 최고의 선물이었다.

Savory
Savory

크리스마스가 되면 글로벌 뉴스에서 '뜨거운 크리스마스는 놀라워요'라는 시민의 인터뷰나 가벼운 옷차림을 한 산타들의 퍼레이드 장면들이 나오곤 했었다. 뉴스들의 단골손님은 1년 내내 더운 동남아가 아닌, 호주와 같이 남반구에 위치한 나라들이었다. 솜이불을 덮고 뉴스를 보며 한여름의 크리스마스에 대한 로망을 키우던 북반구의 내가, 드디어 연말 시즌에 남반구에 오게 됐다.

리본으로 장식 된 트리 옆에는 야자수가, 가게 입구 곳곳에는 'Merry Christmas!'가 아닌 '¡Feliz Navidad!(펠리츠나비다 : 메리 크리스마스 스페인어)' 문구가, 크리스마스용품을 파는 상인들은 나무 그늘에 아이스크림을 먹고 있었다. 산타클로스와 기념사진을 찍는 아이와 꿈에 그리던 한여름의 크리스마스를 곧 맞이할 나의 들뜸 정도는 크게 다르지 않았을 것이다. 반소매를 입고 선글라스를 낀 채 남반구의 연말 더위를 느끼고 있으니까. 세상 부러울 것이 없었다.

:

그런데 그만 깜빡했다. 칠레가 밑으로 쭉 뻗었으니 당연히 무조건 밑으로 쭉쭉 내려갔을 뿐이었고, 산티아고에서 푸콘을 가려면 야간버스에서 8시간을 아주 푸욱 자야 도착하는 것을 보고 '길긴 길다'며 신기해했을 뿐이었는데. 제일 중요한 것을 깜박했었다. '세계에서 제일 긴 나라' 칠레가 사계절을 모두 품고 있는 나라라는 사실을.

내가 도시를 옮겨가면 계절도 같이 움직이는 칠레의 마법을 미처 알지 못했다. 아침에 도착한 푸콘은, 선선한 가을이었다.

:

버스로 1035km를 달려 칠레 허리 부근까지 내려왔다. 이틀 전에 입던 반소매는 캐리어 구석 신세가 되었다. 한국에서야 늦가을에 비가 와 급격히 추워졌다고 한들 문을 꽉 닫고 보일러를 틀면 되지만, 내가 묵는 숙소는 난방시스템이 없는 나무집이었다. 잘 닫히지 않는 창문 틈으로 비바람의 냉기가 솔솔 들어와 이불(보온성이 전혀 없는)에 파묻혀 나무토막처럼 웅크린 채 덜덜 떨었다.

:

비행기로 1309km를 더 내려와 닿은 칠레 꼬리. 한여름의 크리스마스는 무슨, 추워도 너무 추웠다. 쿠스코에서 산 카디건, 후리스, 바람막이를 껴입어도 파타고니아의 찬바람에는 속수무책이었다. 남미의 크리스마스는 어떠냐는 연락에 '추위와 싸우는 중'이라고 보내는데 왜 그렇게 어이가 없던지. 나흘 전엔 여름이었는데. 한여름의 크리스마스를 내 발로 걷어차 버리는 바람에 결국 올해도, 남반구까지 와서도 크리스마스를 이불 속에서 보냈다.

FELIZ
NAVIDAD

잠시만, 눈물 좀 닦고 올게

크리스마스를 준비하는 산티아고 거리에는 유난히 크리스마스 테마 포장지와 쇼핑백을 파는 상점들이 즐비했고, 포장지를 한 손 가득 사가는 사람도 심심치 않게 보였다. 한쪽에선 테이블을 깔고 전문적으로 포장을 해주기도 했다. 그들의 '가족 중심' 크리스마스를 보여주는 풍경이다.

칠레 사람들에게 크리스마스는 가족들이 모두 모여 맛있는 음식을 먹고 선물을 주고받는 날이다. 선물은 소소하게 정을 나누는 정도가 아니라, 거금을 들여 어마어마하게 준비했다. 양손에 쇼핑백을 주렁주렁 든 사람들과 엄청 붐비던 백화점 · 전자제품가게를 봤다. 우리나라의 명절이 그렇듯 칠레에선 크리스마스가 제일 큰 대목인 셈이다. 준비한 선물을 포장하는 일은 그들에겐 또 하나의 기쁨이다. 그래서 선물포장지는 필수 아이템이고, 한꺼번에 많은 양을 사 가는 이유다. 며칠 전부터 가족들을 위한 선물을 정성스레 준비하고, 집에서 다 같이 행복한 시간을 갖는 것이 칠레 사람들이 크리스마스 시즌을 보내는 방법이다.

칠레 사람이 아닌 나에겐 행복을 도란도란 나누는 크리스마스는 해당 사항이 없었다. "크리스마스엔 모든 상점이 문을 닫아서 거리는 조용할걸. 클럽이나 일부 술집만 열거야" 산티아고 호스텔 친구의 말은 사실이었다. 어느 곳을 가도 북적이고, 웬만한 식당은 만석인 복작복작한 우리나라와는 정반대의 크리스마스였다. 모든 가게가 문을 굳게 닫았다. 푼타아레나스의 한국인 사장님이 계시는 신라면 가게도, 저녁거리를 살 대형 슈퍼마켓도 철문을 내렸다. 반짝이는 조명, 캐롤, 빵집 행사는 고사하고 길거리에서 사람을 만나기조차 쉽지 않았다. 유령도시가 있다면 딱 여기가 아닐까 싶었다.

춥고 거센 바람을 뚫으며 온 동네를 돌아 겨우 찾아낸 레스토랑과 카페에서 나 홀로 먹은 매쉬드 포테이토와 스테이크, 나 홀로 달콤한 수제 초콜릿, 나 홀로 크리스마스트리. 그들처럼 나도 맛있는 음식도 먹고 분위기 좀 내봤는데, 오늘따라 왜 이렇게 외로운지.

칠레에서 살아남기

바닥이 흔들렸다. 아주 오랫동안 심하게. 고개를 들어 창밖을 보니, 세상에나. 창밖으로 본 마을은 좌우로 마구 흔들리는 중이었다. 지진이다. 창문, 커튼, 내 캐리어, 내가 앉아 있는 침대, 모두 요동쳤다. 지진 경험은 없는 터라 뭘 어떻게 해야 할지 몰랐다. 숨을 죽이고 눈동자만 굴리며 상황이 끝나기를 기다리는 것이 전부였다.

얼마나 지났을까. 다행히 지진은 아무런 피해를 주지 않고 지나갔지만, 당황스러워 한동안 얼음처럼 굳어 꼼짝을 못했다. 뭐야? 나 지진 겪은 거야? 칠레에서? 그것도 크리스마스에? 뭐야 이 상황? 처음엔 그 흔들림이 지진인 줄 몰랐다. 삐걱삐걱 발소리도 유난히 크게 들렸던 나무로 된 집이라 누군가 2층으로 힘차게 올라오는 거로 생각했다. 핸드폰을 본 채로 가만히 있던 그 몇 초가 지진이었을 줄이야. 마음이 좀 진정된 이후에야 지구과학 시간에 배운 내용이 기억났다. '칠레는 '환태평양 조산대, 불의 고리에 속한 나라다.' 이걸 체험하게 될 줄은 생각지도 못했다.

푸에르토몬트를 떠나기 전까지 연속되는 쫄깃함에 동공 지진은 쉴 틈이 없었다. 숙소 주인 할아버지 차를 타고 공항으로 가던 중, 차의 라디오에선 '쓰나미'라는 단어가, 할아버지 핸드폰에선 쓰나미 경고 메시지가 계속 떴다. 우리는 해안도로를 달리고 있었고, 여기는 칠레 대표 항구 도시 푸에르토몬트였다. 스릴 넘치는 레이스 끝에 도착한 공항 TV에선 지진 뉴스가 한창이었는데, 종잇장처럼 찢긴 도로를 보았다. 이렇게 무사함이 얼마나 감사하던지.

산타 할아버지

편히 자고 싶다 할 땐 에어비앤비 개인룸을 이용했다. 에어비앤비는 게스트하우스 식으로 운영하는 곳이 있는가 하면, 주인이 사는 집의 남는 방으로 들어갈 때도 있었다. 그 때문에 종종 집주인과의 에피소드가 생긴다.

크리스마스 아침, 식사하기 위해 내려간 식당에는 주인 할아버지와 산타 인형들이 나를 맞이했다. 메뉴는 여느 때와 같이 빵, 커피, 버터, 잼. 이미 물릴 대로 물린 조합이었지만, 산타클로스처럼 수북한 하얀 수염을 가진 할아버지가 직접 구워 준 덕분인지 빵 맛이 꽤 좋았다.
특이하게도 이제까지 숙소 주인들은 아침을 차려주고 나면 자리를 떴는데, 할아버지는 주방에 계속 머물러 있었다. 나와 대화를 하고 싶은 눈치였다. 하지만 할아버지는 영어를 전혀 할 줄 몰랐고, 내가 할 줄 아는 스페인어라곤 여행 중 터득한 왕초보 단어뿐이었다. 그렇게 어색한 공기가 흐르던 중, 할아버지가 핸드폰을 꺼내 무언가를 열심히 하더니 내게 보여줬다. 번역기 페이지였다.

"The supermarket that I go to buy breakfast is closed."
"내가 아침을 사던 슈퍼마켓이 문을 닫았어."
빵만 먹고 있는 내가 안쓰러웠던 것일까. 크리스마스 사정을 알기 때문에 미안한 표정을 한 할아버지에게 웃으며 괜찮다고 했다. 그러자 갑자기 할아버지는 냉장고로 향해 문을 열며 'oh! egg?'라고 물었다. 냉장고 속에 있던 달걀이 생각난 모양이었다. 바로 스크램블드에그를 후딱 만들어주곤 뿌듯한 얼굴을 했다.

“I think everybody is sleeping after yesterday party.”
“다들 어제 파티 때문에 다 자나 봐”

이번에는 번역과 함께 술 먹고 잠자는 동작으로 아침 상황을 열심히 설명했다. 크리스마스 아침 상황이 어이없는지 유쾌하게 웃다가 그사이에 타버린 빵을 보곤 다시 울상을 지었다. 귀여우신 할아버지다.

아침 식사를 마치고 내 방으로 올라가던 중, 일을 보러 나갔던 할아버지와 다시 마주쳤다. 그는 내게 식당으로 들어오라는 손짓을 했다. 영문도 모르고 들어간 식당. 우와 할아버지가 ‘Feliz Navidad!(메리크리스마스!)’라며 복숭아 파이를 선사했다. 아무래도 크리스마스 아침으로 빵과 스크램블드 에그만 주는 것이 마음에 영 걸렸나 보다. 아까보다 더 뿌듯해하는 얼굴의 그는 손으로 원을 몇 바퀴 그리며 잠자는 동작을 했다. 모두 다 잠자고 있어서 이걸 사느라 마을을 뱅뱅 돌았다는 뜻인 것 같았다. 크리스마스 선물과 같은 파이는 세상에서 제일 달콤한 복숭아 파이였다.

집을 떠나던 날 ‘Feliz Navidad. 즐거운 여행해.’라며 아주 따뜻한 배웅을 해준 복슬복슬 하얀 수염을 가진 푸에르토몬트 나무집의 할아버지. 꼭 산타클로스를 만난 기분이었다.

바람이 분다

'토레스 델 파이네' 트레킹을 위한 음식과 장비를 최종적으로 점검하는 베이스캠프, 푸에르토나탈레스에 도착해 숙소까지 걸어가는 길에 바람의 무서움을 제대로 맛봤다.

상상을 초월하는 바람은 무자비하게 나를 강타해 정신이 아찔했고, 눈 위의 렌즈까지 날려버릴 기세에 눈도 제대로 뜨질 못했다. 설상가상 시내로 들어가려면 맞바람을 뚫고 가야 했다.

내 몸을 가눌 여력도 마땅치 않은데, 맞바람까지 더해진 캐리어는 무게를 더했다. 캐리어를 끄는 손은 저렸고, 한 걸음을 떼는 데도 상당한 체력이 소모되었다. 여행 4주 만에 처음으로, 캐리어를 버리고 싶었다. 바람에 혼쭐난 내 몰골이 꽤 엉망이었는지 우여곡절 끝에 도착한 호스텔 주인은 나를 보고 엄청 웃었다.

"너 괜찮아?"
"응. 바람이랑 싸우고 겨우 왔어."
"바람이 대단하지? 무사히 온 걸 환영해"

그리고 방에 오자마자 침대 위로 쓰러지는 나를 보곤 같은 방의 호주 친구도 이렇게 말했다.

"오늘 토레스 다녀온 거야? 엄청 지쳐 보여."
"아니, 토레스는 내일 가. 지금은 바람 때문에 힘든 거야."
"맞아. 바람이 너무 심해. 미쳤어!"
"토레스는 이거보다 더 심하다는데 나 내일 괜찮을까?"

"일단 일기예보로는 맑음이라고 되어있는데, 거기는 워낙 날씨가 휙휙 바뀌니까 운에 맡겨야지."

산, 호수, 빙하가 섞인 지상 최고의 낙원. 내셔널지오그래픽이 '죽기 전 꼭 가봐야 할 10대 낙원'으로 선정한 파타고니아. 그 중의 꽃 '토레스 델 파이네' 트레킹. 6주 남미 여행 스케줄을 고심하며 짠 것도, 길고 긴 칠레의 꼬리까지 비행기를 타며 바쁘게 온 것도 모두 트레킹 때문이었다.
3박 4일간 산장을 옮겨가며 토레스 델 파이네 국립공원을 즐기는 'W트레킹'이 대표적이지만, 연말의 산장은 내가 예약을 진행한 두 달 전에도 대부분이 만석이었다. 부랴부랴 일정을 짜고 간신히 12월 27일 1박 예약에 성공했다. 1박 2일 코스는 최고점인 '라스토레스 전망대'만 다녀올 수 있다. 일정이 아쉽긴 해도 정상까지 갈 수 있음을 위안으로 삼으며 파타고니아까지 왔다.

"내일 정상이고 뭐고 힘들면 끝까지 안 갈 거야. 맞설 수 있는 바람이 아니야. 진짜 못하겠어. 여기를 어떤 패기로 예약을 한 거지. 아 그냥 취소할까?"

'뭐든 부딪혀보는 거야'라는 마인드도 이번엔 한걸음 물러섰다. 바람이 겁나기도 하고, 산을 오르면서 계속될 숨 헐떡임도, 다녀온 후 몰려올 피로도 겁이 나고. 남들은 다 갔다 오는데 나만 못가면 어쩌나 싶은 생각도 들었다. '그럼에도 불구하고 해내는 것'이 내가 자신 있는 부분인데. 그런 내 자존심이 무너질 것 같아 겁이 났다. 차라리 가지 않을까 싶은 생각도 들었다. 구차하지만 컨디션 조절 상 포기했다는 변명이 지금의 겁보단 나을 것 같았다. 토레스 정상이라도 보고 오자던 바람은 무시무시한 파타고니아의 바람에 제대로 흔들리고 있었다. 세찬 바람이 분 마음은 좀처럼 진정되지 않았다.

PARE

그렇게 가만히 있었다

세상에 어떻게 이런 자연이, 내셔널지오그래픽이 눈앞에 실시간으로 상영 중이었다. '저런 곳은 전문가들만 가겠지'하며 나와는 전혀 상관없는 딴 세상이라고 생각했던 곳에 내가 있었다. 존재 자체가 꿈만 같고 내가 사는 지구는 생각보다 훨씬 경이로운 곳이라고 느꼈다.

미친 듯이 부는 바람과 계속되는 오르막길에 체력이 급격하게 떨어지더라도 멈출 수 없었다. 느리게 갈지언정 내가 가던 길을 포기하고 돌아갈 순 없었다. '너무 힘들다. 딱 저기까지만 가고 내려가자' 하다가도 올라온 만큼 더 감탄하게 되는 경치에 홀려 또 다른 봉우리를 향해 계속 올랐다. 힘들어 죽겠다고 중얼중얼하면서도 아름다움에 떠나지 못하고 올랐다. 가던 발걸음을 멈춘 건 다리 근육을 위한 휴식이 아니라 넋 놓아 바라보기 위함이었다. 막강한 바람에 핸드폰을 붙잡고 있기가 버거웠어도 내 앞의 지구를 꼭 기록해야만 했다. 내가 지금 보고 있는 풍경이라고, 이만큼이나 올라왔다고. 그리고 지구의 이런 곳에 지금 내가 있다고.

빙하와 만년설 사이에 우뚝 솟은 화강암 세 봉우리와 영롱한 에메랄드빛의 호수. 찬란하고 대단했다. 바쁘게 칠레 꼬리까지 온 것도, 어제부터 나를 때리던 바람도, 5시간 넘는 산행도 모두 눈부신 이곳까지 오기 위해서였구나. 두 달 전에 1박이라도 예약해서 천만다행이었다. 바위에 앉아 토레스 삼봉을 바라보며 파타고니아를 찬양하는 호사를 누리게 되었으니.

정상의 추위와 바람은 역대급이었지만, 그마저 토레스가 뽐내는 위엄으로 보여 싫지가 않았다. 체력은 바닥나고, 온몸은 후들거려 바람 빠진 풍선인 양 휘청거리는 탓에 위험한 순간도 몇 번 있었지만, 그래도 자리를 쉽게 뜨진 않았다. 그냥, 가기 싫었다. 시간이 이만 떠나야 한다고 말할 때까지 그렇게 가만히 있었다. 몇 번이고 뒤를 돌아봤다. 그렇게 해서 단 몇 초라도 더 머무르고 싶었다. '내가 꼭 다시 올게' 메시지는 으레 하는 인사가 아닌 진심이었다.

한계와 마주치다

바람은 시련이었다. 처음 맛본 바람에 너무나 쉽게 흔들렸다. 포기하는 법은 쉬웠다. 그냥 한계를 긋고 하던 것을 멈추면 됐다. 그만두고 싶은 순간이 많았다. 포기는 쉬웠기 때문에 더 자주 문을 두드렸다.
바람이 더 거세게 불었다. 맘 같아선 당장이고 그만두고 싶었지만, 포기가 어려웠다. 너무 많이 와버렸다. 남은 길이 아득했다.
견디다 보니 너무 지쳤다. 온전치 못해 약한 바람에도 아팠다. 정작 포기가 필요할 때, 포기는 불가능했다. 무조건 가는 수밖에 없었다. 날이 어두워져 잠깐 쉴 수도 없었다.

바람은 내가 어디에 있든, 어느 상태든지 계속 불었다. 바람을 상대로 할 수 있는 것은 없었다. 언제 어디서 불어올지 모르는 것이 바람이었다. 내가 집중해야 할 것은 나였다.
바람이 흔들면 흔드는 대로 받아들였다. 흔들려도 넘어지진 않는다고 말했다. 바람의 시원함이 느껴졌다. 더 세지면 잠깐 멈춰 숨을 골랐다. 네가 이기나 내가 이기나 해보자고 덤비다 보면 나도 모르게 꽤 많이 올라와 있었다. 내가 걸어온 길을 돌아봤다. 예뻤다. 이 예쁜 걸 보려고 바람을 가르며 왔다.
시간이 지날수록 한계와 자주 마주쳤다. 그때마다 한계와 맞섰다. 내가 그은 선을 하나씩 넘을수록 원하는 것에 가까워졌다. 주위를 둘러보아 나와 같이 바람을 견디는 그들을 보며 마음을 다잡았다. 그만둘 수 있는 최후의 방책도 없을 땐 무작정 버텼다. 쓰러질 것 같았지만 울면서 버텼다. 바람이 아닌 나와 싸웠다. 점점 희미해져 가는 정신을 붙잡으며 한 발짝 나아갔다. 끝내 바람이 불지 않는 곳에 도착했다. 바람을 이겨냈던 방법을 기억할 것이다. 바람을 핑계로 가던 길을 멈추진 않을 것이다.

커피향

엄마는 커피를 좋아한다. 좋아하는 원두는 케냐AA, 자주 가던 카페에선 '오늘은 많이 볶았네?'라며 커피 맛을 구분하고, 갓 내려 신선하고 향이 가득한 커피를 아침에 마시면 그 날은 하루를 기분 좋게 시작할 만큼 커피에 내한 애정이 남다르다. 고향 집에 갈 때면 엄마는 직접 원두를 갈고 커피를 내려준다. '이번 커피는 좀 맛있을 거야. 원두를 좋은 걸 샀거든'이라며 건넨 커피에 '오! 맛있는데?'라고 반응하면 뿌듯해하는 엄마의 모습이 귀엽기도 하다.

커피가 다 거기서 거기지 했던 나도 어느새 산미가 약간 도는 커피를 찾는 취향이 생겼고, 원두 가루에 뜨거운 물을 부을 때 커피 향이 디퓨저처럼 방안을 가득 채우면 기분이 산뜻해졌다.
커피를 좋아하는 모녀는 만나면 꼭 카페를 찾았다. 잔잔한 음악과 함께 맛있는 커피를 마시며 밀린 수다를 떠는 것이 공통된 취미이자 힐링 방법이다. 함께 마신 빈 커피잔이 늘어갈수록 엄마와 나는 더욱 다정해졌다.

푸에르토 나탈레스로 돌아가는 버스를 기다리기 위해 토레스 델 파이네 관광안내소로 들어갔을 때, 엄마 생각이 났다. 그 안의 카페에서 풍기는 커피향이 기가 막혔다. 커피 원두가 무엇인지, 로스팅과 블렌딩은 언제 했는지, 관광지 깡패 물가는 개의치 않고 바로 카페로 달려갔을 엄마의 모습이 그려졌다. PATAGONIA BLEND 글자가 적힌 종이컵에 커피를 마시며, 엄마가 옆에 있었으면 했다. 값을 함부로 매길 수 없는 커피와 함께 어제 다녀온 토레스 델 파이네를 이야기하고, 파타고니아가 주는 여유를 만끽하며 모녀는 커피 향으로 기억했을 것이다.

PATAGONIA
BLEND
COFFEE ROASTERS & TEA MAKERS
Chile

이상했다. 여권에 찍힌 칠레 출국 도장과 아르헨티나 입국 도장이 낯설었다. 열흘 전까지만 해도 남미 대륙 꼬리까지 가는 여정에 걱정이 앞섰는데, 벌써 칠레를 떠나 6번째 나라에 와버렸다. 여권에 찍힌 여러 나라의 도장 컬렉션이 그렇게 뿌듯할 수가 없었던 그전과 다르게 너무 많이 찍혀버린 도장들이 나를 아쉽게 만들었다. 애꿎은 여권만 계속 넘겨봤다. 여행이 끝나간다는 생각을 하니 공허함이 몰아쳤고, 입국이 싫었다.
아이러니하게도 평생 기념하고 기억할 날을 문신으로 새긴다면 2016년 12월 31일을 택할 것이다. 입국이 좋지만은 않았던 아르헨티나에서의 하루다. 세상의 끝에 있었고, 좋은 사람들을 만난 날이었으며, 올해와 내년 사이의 묘한 시간을 보냈던. 아주 완벽했고, 더할 나위 없던 날이었으니. 바로 그 아르헨티나에서.

아르헨티나,
묘했던 시간과 공간의 사이

하루를 채우는 법

왼쪽 다리에 이상이 왔다. 토레스 델 파이네 정상에서 막 내려오기 시작했을 때, 돌풍에 휘청거리다 다리를 삐끗했는데, 그 통증이 이제야 나타났다. 완전히 걷지 못할 정도는 아니라서 빙하를 보러 가려면 갈 수도 있었지만, 빙하를 볼 수 있는 날이 오늘밖에 없었지만, 그냥 쉬기로 했다. 빙하를 뺀 엘 칼라파테는 앙고 빠진 단팥빵이나 다름없다는 것을 알면서도.

'이왕 남미까지 왔으니 최대한 뽕을 뽑아야지!' 무엇이라도 해야 할 것처럼 달려들었다. 액티비티를 하든, 유명 관광명소를 가든, 사진을 최대한 많이 찍든, 무작정 많이 걷든지. 마치 하루를 큰 돌들도 꾸역꾸역 눌러 담아야 하는 숙제라도 주어진 마냥.
열정에 마음의 여유가 없었다. '정답은 없다'는 깨달음을 얻은 지금에서야 그때가 못내 아쉬울 뿐이다. '여기 가면 이건 필수 코스지!'라는 관광객 모드 때문에 놓쳤던 것들. 유명한 성당이나 광장이 아닌 웃음소리가 퍼지는 그들만의 작은 쉼터, 똑같이 찍어낸 기념품 가게가 아닌 그들의 손때가 묻은 작은 가게, 소소한 일상의 자국이 묻은 그런 곳. 그때의 내가 별것 아니라고 지나쳤던 돌멩이들은 유명함의 크기가 조금 다를 뿐, 모두 각자의 모양이 있는데.

'엘 칼라파테까지 가서 모레노 빙하도 안 보고 뭐 했어?' 아깝긴 하다. 아르헨티나에서 즐기는 파타고니아의 매력은 칠레와는 또 다르니까. 누구보다 더 경험에 높은 가치를 두는 나인데 오죽 아깝지 않겠는가. 일정을 너무 빡빡하게 세운 내 잘못이지.
빙하를 꼭 봐야 한다는 법이 어디 있어. 그냥 내가 쉬고 싶으면 쉬는 거지.

길 강아지랑 하염없이 놀고, 읽지는 못해도 그냥 동네 서점을 기웃대고, 낮에 여유롭게 맥주 마시면서 행복해하면 되지.

이름이 '엘 칼라파테'인 블루베리 맛 아이스크림 하나를 손에 들고 골목을 어슬렁어슬렁 거리며 동네 사람처럼 엘 칼라파테의 일상 속에 있는 것도 꽤 괜찮은 하루인걸. 큰 돌 하나보다 작은 돌멩이들에 만족스러워하는 내 나름대로의 하루를 잘 채웠으면 됐지 뭐, 그치?

Pearl

COLUN

Casimiro Biguá
Vivero
Raices del

느낌이 사뭇 달랐다. 항공권을 발급받고 보안 검색대를 지나는 절차를 똑같이 밟았고, 또 게이트 앞에선 딜레이만 되지 않길 바라며 탑승 시간을 기다렸지만, 이전과 다르게 조금 들떠있었다. 남미에서만 몇 번째 비행기인지도 모를 만큼 수많은 티켓들이 여권을 스쳐 갔지만, 오늘의 티켓과는 특별히 인증사진도 남겼다. 티켓에 적힌 목적지는 '우수아이아'다.

우수아이아는 필수 코스가 아니고 왔다가는 비용과 시간이 만만치 않아 많은 여행자가 남미여행코스에서 제외하는 곳이다. 하지만 나는 망설임 없이 우수아이아행 항공권을 끊었다. 펭귄과 바다사자를 볼 수 있는 '비글해

USHUAIA

추가기재
AMENDMENTS AND ENDORSEMENTS
PARQUE ARQUEOLÓGICO NACIONAL DE
ARGENTINA

협 투어', 아름다운 경치의 '티에라 델 푸에고 국립공원', '(아주 큰맘만 먹으면)남극으로 갈 수 있는 곳' 이런 것들 말고 오직, '지구 최남단' '세상의 끝' 타이틀 하나에 꽂혀서.

세상의 끝을 걷고, 세상의 끝의 아이스크림과 샌드위치를 먹고, 세상의 끝에서 산 양말과 스티커, 관광안내소에서 찍어준 5개의 우수아이아 기념 도장으로 더 특별해진 여권 그리고 엽서 보내기까지. 우수아이아는 장소만큼이나 특별한 일들을 내게 펼쳐 보여줬다.

낭만적인 상상

남미 버킷리스트 목록엔 '우수아이아에서 엽서 보내기'가 한자리를 차지하고 있었다. 남미 최남단 아르헨티나의 '우수아이아' 세상 끝 우체국에서 우표를 사 엽서에 붙이고 직접 우체통에 넣다니. 생각만 해도 간지러운 감성이다. 감성은 낭만적인 상상으로 이어졌다.
'내가 찍은 사진들로 제작한 엽서를 소중한 사람들에게 보내볼까' 자정에 카페로 나서 밤이 새도록 나만의 엽서를 주문했다. 여행 중에 엽서를 쓰고, 세상 끝 우체국에서 보낼 생각에 마음이 들썩거려 잠도 잊었다.

며칠 후, '순수 100% made by 정민 엽서'가 내 방에 도착했다. 상상이 현실로 한 발짝 다가왔다. 내 주변의 친한 사람뿐만 아니라 낯선 이들에게도 보내고 싶어졌다. 엽서가 주는 감성을 더 많이 나누고, 설렘도 얻어보고 싶었다. 그래서 페이스북에 글을 올렸다.

'2016년 마지막 날, 세상 끝 우체국에 갈 예정이에요. 주소를 보내주시면 긴 이동시간 동안 열심히 써서 세상 끝에서 엽서를 보내드릴게요. 단, 여행 컨디션을 고려해 모든 분께 보내 드릴 수 있다고 장담은 못 하지만요.'

내 타임라인뿐만 아니라 여행 커뮤니티 '여행에 미치다' 페이스북 그룹에도 글을 올렸다. 내가 아끼는 주변 사람들과 더불어 여행을 좋아하는 사람들에게도 그 감성을 함께하고, 남미를 전하고 싶은 바람이었다.

글을 올린 지 5시간이 된 지금, 총 70명에게 연락이 왔다. 고등학교 후배, 중학교 동창, 대학 동기 그리고 정말 처음 보는 사람들까지. 소소하고 아기

ZZZM
그 때
ZZZM

CORREO ARGENTINO
sistema de
ago Fácil

자기한 이벤트를 생각한 나는 5시간 동안 쉴 틈 없이 울린 핸드폰이 당황스러웠다. 내가 가진 엽서는 40장뿐인데…. 일단 메시지를 보내준 분들께 '감사합니다. 확실히 보내드릴 수 있다고는 장담 못하지만 노력해볼게요' 라는 답장을 보내면서 계속 고민했다. 메시지를 정성스럽게 보내준 분들만 보내 드려야 할까? 선착순? 아니면 랜덤 뽑기? 엽서를 추가 제작할까? 전혀 예상치 못한 뜨거운 반응에 머리가 복잡했다.
한참의 고민 끝에 조금은 무모한 도전을 해보기로 했다. 엽서를 더 제작해서 모든 분께 쓰기로. 낯선 내게 도착한 그들의 따뜻한 메시지가 그런 결심을 하게 만들었다.

'다음 달에 세계여행을 가는데 기운을 받고 싶어요.'
'제 버킷리스트인 '해외에서 엽서 보내기'를 대신해주세요.'
'저도 남미 가고 싶은데 남미에서 온 편지 받으면 기쁠 것 같아요.'
'퇴근하고 나서 편지가 와있으면 힘 날 것 같아요.'
'조심해서 다녀오세요.'

이벤트 참여율만큼이나 예상하지 못했던 각자의 사연이 담긴 메시지들. 그들의 뜨겁고 따뜻한 마음을 무시할 수가 없었다. 손이 아플 수도, 잠을 덜 자게 될 수도 있다. 하지만 귀찮다거나 괜히 시작했다는 후회는 들지 않았다. 낯선 곳에서 낯선 이들에게 엽서를 보내고, 그들이 엽서를 받았을 때의 설렘을 상상하고, 여행의 순간을 공유하는 것. 내게 언제 또 올지 모르는 값진 경험이니.

석양

석양이 좋다. 해가 지기만을 하염없이 기다린 적도 많다. 왜 좋은지는 잘 모르겠다.

빨강 · 주황 · 노랑 · 분홍 · 보라 색깔의 그라데이션이 예뻐 보이는 건지, 개와 늑대의 시간이라는 멋있는 단어 때문인지, 축 늘어지는 그림자가 왠지 아련해서인지, 그 시간만 되면 온갖 생각이 다 들어서인지, 그렇게 사색에 잠겨 가만히 있어서인지, 내가 태어난 10월의 가을빛과 닮아서인지, 일과를 마치고 오늘은 좀 쉴 수 있다는 안도감 때문인지, 얼마 있지 못하고 금방 가버리는 것이 아쉬워서인지, 구름에 산란하는 빛이 포근해 보여서인지. 잘 모르겠다.
이유를 알고 싶어 또 하염없이 기다린다. 보통은 저녁밥을 먹을 때쯤이면 알아서 나타났지만, 지구 밑으로 내려올수록 낮이 길어졌다. 시간 감각을 잃어 자꾸만 시간을 확인했다.
여덟 시…아홉 시…열 시… 오늘따라 많이 늦다. 하긴 남쪽 제일 아래까지 오려면 좀 바쁘긴 하겠다.

오후 열 시 사십팔 분. 드디어 왔다. 오래 기다리다 만나서 더 좋다. 그런데 여전히 왜 좋은지는 잘 모르겠다. 그냥 행복하다는 생각 외에는 아무것도 떠오르지 않았다.
기다린 보람은 있었다. 답은 못 찾았어도 좋은 거 하나는 알았다. 행복을 매일 느낄 수 있는, 가장 쉬운 방법. 행복해지고 싶을 땐, 석양을 봐야겠다.

끝과 끝

일 년 365일 중 유난히 들뜨는 날이 있다. 한 해를 마무리하는 12월 31일. 매일 반복적으로 하던 행동들도 뭔가 새로운 듯하고, 시침이 한 칸 움직이는 것도 남다르게 느껴진다. 평소엔 지나쳤던 주변의 일상도 괜히 더 관찰한다. 바쁘게 출근하는 정장 입은 직장인, 매일 같은 길을 운전하는 버스 기사 아저씨, 커피 주문을 받는 카페 아르바이트생. 저분들은 오늘 어떤 감정을 느낄까 궁금해진다.

오늘 자정엔 지난 1년을 짧게나마 회상하고, '새해 복 많이 받으세요.' '좋은 일만 가득하길' 하며 각기 다른 새해를 그리겠지. 크고 작은 희망과 다짐이 피어나겠지. 온종일 이런 생각이 가득하다. 그리고 나의 지난 한 해도 차곡차곡 정리해본다.
많은 일을 겪어낸 나를 토닥토닥하게 만드는 재주도 있는 12월 31일. 살짝 높아진 감성 지수로 1년의 마지막 시간을 보내는 것이 좋다.

2016년의 끝과 2017년의 시작에 내 여행을 걸쳐놓은 건 12월 31일에 의미를 더 부여하고 감성 지수도 한껏 올리기 위해서였다. 그래서 이렇게 축지법 쓰듯 도시를 바삐 옮겨 다니며 급하게 세상의 끝 우수아이아까지 내려온 것이다. 아주 오래전부터 가졌던 소망을 더욱 남다르게 그리고 싶었다.
2016년의 마지막 아침, 뿌연 안개와 두꺼운 구름이 우수아이아를 덮고 있었다. 새삼 '끝'이라는 단어가 적적하게 느껴질 만큼 세상의 끝은 잠잠했다. 덕분에 더욱 센티해졌으니 성공이다. 우수아이아에는 어제 도착했지만, 오늘 하기 위해 어제 남겨두었던 것이 있다. 12월 31일을 우수아이아로 선택한 진짜 이유.

'USHUAIA' 'fin del mundo'
'우수아이아, 세상의 끝' 표지판 앞에서 23살과 24살 사이의 내 모습을 남겼다.
2016년 끝자락, 나는 세상의 끝에 있었다.

인연은 또 다른 인연으로

볼리비아 코파카바나에서 만나 2박 3일간 함께했던 K와 S. 서로 다른 일정 때문에 볼리비아 라파스에서 헤어진 이후에도 연락을 계속했었다. 우연히 브라질에서 한국으로 입국하는 날이 하루 차이였던 우리는, 서로 일정이 맞으면 아르헨티나 부에노스아이레스에서 다시 만나자는 이야기를 나누었었다. 계획 없이 마음 가는 대로 이동하는 사람들이라 그저 막연한 약속이라고 생각했다.

부에노스아이레스 공항에 도착해 짐이 나오기를 기다리는 데 '우리 부에노스 도착했어', '너 어딘데?', '빨리 와. 고기 사놨어', K와 S로부터 메시지가 왔다. 놀라운 타이밍 덕분에 공항에서 그들이 있다는 한인 민박 '삼촌네'로 부리나케 달려갔다. 그동안 어딜 그렇게 돌아다닌 건지 더 까맣게 탄 얼굴을 제외하고는 여전히 밝았다.
그들과 함께했던 볼리비아 2박 3일은 내가 '청춘 낭만 영화'라고 이름 붙일 만큼 꿈만 같았던 시간이었기 때문에 그들 얼굴을 봤을 때의 반가움은 말로 표현할 수 없을 정도였다.

삼촌네 민박에서 만난 건 K와 S뿐만이 아니었다. 여행이 또 다른 여행으로 이어졌듯이 인연은 또 다른 인연을 만들었다. 나도 드디어 만났다! 말로만 듣던 해병대 동생들(B, H, J). 해병대 동기 사이인 이 친구들은 전역 3주 만에 남미 여행을 왔는데, '해병대' 글씨가 크게 써진 옷을 입고 남미를 누벼 여행자들 사이에서 꽤 유명했다. K와 S가 하도 재밌는 동생들이라고 해서 꼭 한번 만나보고 싶었다. 해병대 셀럽(?) 동생들은 명성대로 이날 해병대 옷을 입고 있었다.

HIRAM
WALKER
GIN

K, S는 24살 나는 23살 B, H, J는 22살로 나이도 한 살 터울. 나는 1월 10일, K, S는 11일, B, H, J는 12일로 출국 날짜도 하루 차이. 심지어 B와는 고향이 같았다. 시작은 우연이었을지라도 절대 평범한 인연은 아닌 건 확실했다.

0시 0분

각자 떨어져서 사는 우리 가족에겐 빼놓지 않는 연례행사가 있다. 매년 말일에 고향 청주로 모여 함께 새해 맞이하기. 지난 1년은 어땠는지, 앞으로 1년 계획은 무엇인지 이야기를 하며 TV로 생중계되는 보신각 제야의 종소리를 듣는다. 그래서 나는 한 번도 시끌벅적하게 새해를 보낸 적이 없다. 항상 집에서 가족들과 조용하게 보냈다. 그 때문인지 버킷리스트엔 '해외에서 새해 맞이하기'가 있었다. 물론 우리나라에도 새해맞이 행사가 곳곳에 있지만, 외국의 유명한 광장에 득실득실 모인 외국인들 사이에서 새해 카운트도 '십! 구! 팔!…'이 아닌 'ten! nine! eight!…' 최대한 새롭게 보내는 것이 소원이었다. 그래서 오전엔 우수아이아에 있다가 4시간을 날아 시끌벅적한 수도 부에노스아이레스로 왔다. 앞서 핫한 크리스마스 로망을 다음으로 기약하게 되어버린 탓에 새해맞이를 향한 기대는 더욱 컸다.

숙소에서 술을 마시며 여행 이야기를 하는 데 정신이 팔린 나와 일행은 새해가 바짝 다가온 것을 새해가 오기 1시간 전에야 깨달았다. 축제 분위기를 만끽하려면 시내로 나가야 하는데, 여기는 시내와 꽤 멀리 떨어진 곳이었다. 우리나라와 다르게 지하철은 일찍 끊겼고, 택시를 잡기도 쉽지 않은 상황이었다. 게다가 밤에는 위험하니 되도록 돌아다니지 말라는 한인 민박 삼촌의 권유로 꼼짝없이 조용한 한인 타운에 남겨져 2017년 0시 0분을 맞아야 했다.

밤 11시 45분. 집마다 작게라도 불꽃놀이를 한다는 말을 듣고 소소한 이벤트를 기획했다. 폭죽 대신 J가 가진 성냥 한 박스로(J가 담배 피우려고 가는 호스텔마다 조금씩 가져온 것이라고 한다) 불을 피우고 소원이나 빌자

는 귀여운 행사. '야야 시간 없어. 빨리빨리' 술에 취해서인지, 아니면 원래부터 천진난만했던 건지. 작은 성냥불에도 즐거웠다. 옹기종기 모여 집중하는 여섯 명에게서 설렘이 마구 뿜어져 나왔다. 그렇게 성냥 한 박스로 참 열심히 작업해 완성한 2017년 새해 기념 숫자 7. 갓 전역한 해병대 친구들 덕에 성냥은 반듯반듯하게 오와 열을 맞추고 있었다. 그리고 시작된, 10초 카운트다운.

'십 구 팔 칠 육 오 사 삼 이 일!!!'
2017년 1월 1일 0시 0분. 아르헨티나 부에노스아이레스 한인 타운 사거리 한 가운데서 수십 개의 성냥을 태우며 새해를 맞이했다. 숫자 7은 예상보다 훨씬 더 멋있게 활활 타올랐고, 마을 하늘을 수놓는 불꽃들은 전혀 초라하지 않았다.
각자 집 앞에서 터뜨린 불꽃놀이 덕분에 불꽃은 우리의 앞에서, 옆에서, 뒤에서 깜짝 등장해 영화 같은 장면을 연출했다. 생각했던 것과 달리 전혀 조촐하지 않은 새해 이벤트와 극적인 불꽃놀이에 나는 환호했다. 맥주 샤워를 하고, 드러누워 불꽃을 감상하다 저기 다리 위에 올라가 보자는 누군가의 말엔 싫다는 사람 없이 모두 환호하며 뛰어갔다.

'해외에서 새해 맞이하기'
유명 광장도 아닌 조용한 한인 타운 사거리였고, 외국인들의 틈에 낀 것도 아닌 한국인 친구들과 함께했다. 게다가 또다시 우리나라 말로 새해 카운트다운을 외쳤다. 내가 그리던 해외 새해맞이와는 아주 달랐지만, 그래도 버킷리스트에서 지운다.

백구촌

부에노스아이레스 중심부에서 조금 떨어진 Medalla Milagrosa역에는 한인 타운이 있었다. '삼촌네 민박' 주소를 받았을 때까지도 그 사실을 전혀 몰랐다. 택시 창밖으로 보이는 '응답하라 시리즈'의 드라마에서 볼 법한 글씨체의 한글 간판과 군데군데 걸려있는 태극기에 놀란 토끼 눈을 했었다. 게다가 친구들끼리만 부엌에서 고기를 굽고 있을 줄 알았던 삼촌네는 한인 타운 교민들과 함께 바비큐 파티가 한창이었다.

"안녕하세요~"
"어~ 한 명 더 온다더니. 어디서 오는 길이야?"
"우수아이아에서 막 도착했어요."
"어이구 멀리서도 왔네."

'삼촌미'를 물씬 풍기시는 교민분께서 구수한 사투리를 쓰며 국산 맥주를 따라주는데, 동네 포차에 온 줄 알았다. 처음 보는 사람에게 애교가 없는 나도 곧잘 살갑게 만드는 마법의 공간이었다.

"정민이 여기서 뭐 해?"
"키위 깎아!"
"아저씨가 너보고 깎으래?"
"아니! 그냥 내가 해야 할 것 같아서"
"너 방금 왔잖아!"

삼촌네 민박에 도착한 지 15분 만에 처음 보는 주방에서 과도를 찾아 키

위를 깎고, 설거지와 음식물 쓰레기 처리까지 했다. 아주 자연스럽게 '내가 깎아와야지~'였다. 생각지도 못한 한인 타운에 빠르게 어울리는 상황이 재밌어 키위를 깎는 내내 실실 웃었다.

그들 삶의 터전은 내가 사는 곳과 크게 다르지 않았다. 낡은 그릇, 주방 한쪽의 간장 · 고추장 · 쌈장 통, 우리나라 사람이라면 한 번쯤은 써본 국민 수저 세트, 짙은 갈색의 부엌장. 시골 할머니 댁의 부엌 모습을 똑 닮았다. 1월 1일엔 부에노스아이레스의 다른 가게들이 문을 닫을지라도 한인 마트만큼은 문을 활짝 열었다. 잡채, 동그랑땡을 비롯한 설날 명절에 볼법한 반찬들에 삼촌은 '그치. 우리한테는 장날이지.'라고 하셨다.

빼놓을 수 없는 '정' 역시 그대로였다. 한창 맥주가 당기는 오후 3시에 같이 먹자며 오징어를 바싹 구워 오고, 고기파티에 대한 보답이라며(친구들이 사 온 고기였다) 직접 잡은 '감성돔'을 주던 교민분들과 '여기까지 오느라 수고했다. 잘 왔다'며 맞이해준 삼촌과 할머니.
같은 나라 사람들이니까 당연한 것 같으면서도 너무나 먼 곳이기 때문에 당연하지 않게 다가와 반가웠던 곳, 과거 109번 버스의 종점이라 '백구촌'이라고 이름 붙여진 이곳은 부에노스아이레스 한인 타운이다.

오늘 스카이다이빙을 한다

"야 근데 바람이 너무 많이 부는데?"
강하게 부는 바람을 지켜보는 우리의 얼굴엔 설렘과 걱정이 드리웠다.

"오늘 가능해?"
"응. 차가 기다리고 있을 거야."

우리를 기다리는, 우리가 기다리는 어마어마한 일은 당일 날씨가 좋지 않으면 약속 시각 30분 전에도 취소가 될 수 있다. 그 때문에 다시 확인한 결과, 다행히도 가능하다는 연락을 받았다. 오늘, 스카이다이빙을 한다.

내 사전에 '스카이다이빙'이란 것은 없었다. 상상조차 하지 않았다. 애초에 액티비티에 큰 관심이 없었다. 워터파크, 스키장 같은 곳보단 조용한 곳으로 놀러 갔고, 번지점프를 할 수 있는 기회가 와도, 굳이 하지는 않았다. 그런데 왜 이렇게 극단적인 선택을 했냐고? 엄청 쌌다. 스카이다이빙의 평균가가 50만 원 선이라는데, 여기서는 25만 원이면 할 수 있었다. 이 기회를 놓칠 순 없어 갑자기 없던 용기가 생긴 것이었다.

한참 차를 타고 도착한 다이빙 센터, 스카이다이빙 하기 딱 좋은 날씨였다. 정신없이 불던 바람은 온데간데없었고 선선한 바람과 맑은 햇살이 '어서와 스카이다이빙은 처음이지?'라며 맞이했다. 서약서를 쓰고 돈을 지급한 뒤, 교육 및 안내 영상을 봤다. 방법은 간단했다. 첫 번째, 전문 다이버와 함께 경비행기에 탑승해 3,000m 상공까지 올라간다. 두 번째, 낙하 직전, 머리와 다리를 뒤로 젖혀 다이버에게 몸을 맡기면! 슉!! 끝!!!

"정민아 안 무서워?"
"응! 그냥 빨리 뛰고 싶어!"
"근데 재네 왜 저렇게 조용해졌어?"

처음부터 뛰면 나머지 사람들이 끝날 때까지 기다리는 게 지루하다는 삼촌의 꿀팁대로 서양 친구들 3명을 먼저 보냈는데, 뛰기 전까지는 엄청 시끄럽고 겁 없이 보이던 친구늘이 하늘에서 내려오고는 서로 아무 말 없이 조용히 햄버거만 먹고 있었다. "정민아 나 무서워졌다" S와 나 사이에 긴장감이 들이닥쳤다.

Hey! Come! 드디어 우리 차례가 왔다. 안전장비들을 입고, K, S와 함께 우리가 탈 경비행기로 걸어갔다. 탑승 전부터 담당다이버가 영상을 찍는데,

"Hi, What's your name?"
"Jung-Min"
"Good, How's feeling?"
"Yeah~ Fun~"

영혼 없는 대답이었다. 말로는 즐겁다고 했지만 내 입은 이미 바싹 타들어 갔고, 심장은 경비행기의 모터 소리에 맞춰 요동쳤다. 비행기가 붕 뜨고 땅이 멀어질수록 우리의 말수도 적어졌다. 비로소 스카이다이빙이란 단어의 위엄이 엄습했다. 이젠 피할 수도 없다. 올라간 이상 무조건 뛰어야 한다. 땅에서 너무 오래 기다려서일까. 아니면 긴장감 때문일까. 경비행기 안 20분이 어찌나 길던지. 내 심장이 저 아래 보이는 나무들처럼 콩알만 해졌을 때, 전문다이버가 고글을 씌웠다. 곧이어 경비행기의 문이 활짝 열렸고, 드센 바람이 들이 닥쳤다. 이제 진짜 뛸 시간이다. 우리 중엔 내가 제일 먼저

뛰게 되었다. 내 몸과 연결된 전문다이버가 문턱으로 자리를 옮겨 경비행기에 걸터앉자 내 발밑에 느껴지는 것이 아무것도 없었다. 그러니까 이미 나는 하늘에 나와 있는 상태였다.

“자 카메라에 한마디 해!”
“정민아, 새해 복 많이 받아~”

그리고 나는 뚝 떨어졌다.

내 인생은 점점 더 평범함을 잃어 가고 있었다. 액티비티에 심드렁하던 애가 하늘에 내던져져 뱅글뱅글 돌았다. 낙하산이 펼쳐진 이후엔 하늘에서 둥둥 떠다녔고, 전문다이버가 낙하산을 잠시 멈출 땐 바람도 풍경도 멈춘 게 꼭 마법사가 시간을 정지시켜 놓은 것 같은 기분도 들었다. 나는 점점 더 내가 알던 내가 아님에 놀라고 있는 중이었다.
나는 매우 겁이 많은 줄 알았는데, 알고 보니 꽤 대담했다. 내려오는 동안 ‘재밌어! 미쳤어! 너무 좋아!’라는 말을 하며 엄청난 속도감에 짜릿해 한걸 보면 알 수 있었다.

한국에 돌아온 후, 내 손목에는 스카이다이빙 기념 종이 팔찌가 한동안 그대로 있었다. 색이 점점 빠지고 낡아갔어도 쉽게 풀지 못했다. 스카이다이빙을 했다는 감격도 있었지만, 무엇보다도 ‘네가 무슨 스카이다이빙이야’라며 스스로 닫았었던 문을 열었다는 뿌듯함이 더 커서 그랬다.
이래서 여행이 좋다. 자꾸만 내 인생이 더 넓어진다.

길 강아지

남미에는 어느 나라 거리에서나 대형 길 강아지를 심심찮게 볼 수 있다. 그렇다고 해서 겁을 먹을 필요는 없다. 그냥 자기 갈 길을 가는 순한 멍멍이일 뿐이다.

이 친구들의 진짜 매력은 '마이웨이'에서 묻어 나오는 사랑스러움이다. 길을 걷다 보면 깜빡이도 없이 옆으로 쓱 들어와 휙 지나가는데, 꼬리를 어찌나 활발하게 흔드는지 허벅지를 퍽 치고 간다. '난 내 갈 길 간 건데. 그럼 네가 꼬리를 피하던가.' 딱 이런 느낌.
길가 어디서든 세상 편하게 자는 애들도 정말 많다. 한 번은 숙소 문 앞에서 깊게 자는 강아지님이 비켜주기만을 기다린 적도 있었다. 대형견 세 마리가 길을 떡하니 막고 있으면 어련히 비켜 가야 했다. 멀리서부터 내가 걸어오는 걸 멀뚱멀뚱 쳐다봤으면서도 피해주지를 않는다. 내가 다가가서 사진을 찍거나 쓰다듬어도 '너 할거해'라며 얌전히 있을 땐, 얘네가 나랑 놀아주는 것 같은 기분이 들곤 했다.

남미 길 강아지는 사람을 보고도 무서워하거나 짖은 적이 없었다. 오히려 머리를 긁어주는 손길이 좋으면 옆에 자리를 깔고 눕는 친구들이었다. 사람들 눈치를 살피며 돌아다니고, 귀여워서 쳐다봐도 피하거나 경계태세를 취하는 우리나라 길 강아지와는 너무도 달랐다. 너네는 엄청 사랑받으면서 자랐나 봐. 그러고 보니 남미 사람들이 강아지가 자신의 가게 앞에 있어도 손을 뻗어 내쫓는 모습 한 번을 보지 못했다.

잊지 못해서

"어, 왔냐. 어떻게 왔어?"
"버스 타고 보에도 역까지 간 다음에 여기까지는 택시 타고 왔어요."
"알려 준 대로 잘 왔네. 2층에 짐 놓고 빨리 와서 고기 먹어라."
어색함이라고는 찾아볼 수 없는 삼촌의 쿨내음은 마치 구면인 것 같은 착각이 들 정도였다. 삼촌은 얼핏 보면 무뚝뚝한 것 같아도 "와이파이 이제는 잘 되지?", "선풍기 틀고 자면 그렇게 안 덥지?", "스카이다이빙 첫 번째로 뛰지 마라. 오래 기다린다." 말만 무심하게 툭툭 내뱉을 뿐이지 실제론 알게 모르게 많이 챙겨주던 정 많은 분이었다.

그리고 "아휴 어떻게 아가씨 혼자 여기까지 왔대?" 구수한 말투로 반겨주던 삼촌네 할머니.
새해 당일 옆집 가족과 놀던 파티는 삼촌네 할머니의 걱정과 야단으로 끝이 났었다.

"빨리 들어와라!!! 위험하게 뭐 하는 거야!!!"

이 동네로 이사 온지 한 달밖에 되지 않은 삼촌네는 아직 이곳이 어떤 곳인지, 이웃 주민들은 어떤지 정확히 파악을 하지 못했다. 때문에 우리가 밤에 다시 나가고 한참이 되도록 돌아오지 않자 할머니는 안달이 났던 것이다. 혹시 우리에게 무슨 일이 났나 싶어 밖으로 나왔는데, 옆집이랑 길가에서 술을 마시고 있으니 화들짝 놀랄 수밖에 없다.
부에노스아이레스 삼촌네를 다녀간 여행자들은 삼촌과 할머니를 잊지 못한다. 물론 나도.

Have a Cup!

우리가 재밌으면 땡이다

수학여행을 가면 꼭 이런 애들이 있다. '가는 곳'이 아니라 그냥 '가는 것'에 더 관심이 많은 애들. 딱 그런 애들이 부에노스아이레스에서 노는 법이 있다.

'볼리바르 역의 일요일 산뗄모 시장에서 흥정하며 물건 사기.'
'분홍색 대통령 궁이 있는 부자 동네 푸에르토 마데로 정처 없이 배회하기'
'마트 조리 음식을 테이크아웃해 길가에 앉아 먹기'
'레골레타 묘지에서 콘셉트 사진 찍기'
'레골레타 묘지 옆 성당에서 기도하기'
'미술은 모르지만, 국립현대미술관 가기'
'오페라 극장을 리모델링해 세계에서 가장 아름다운 서점 10곳에 선정된 엘 아테네오 서점에서 책 읽는 척하기'
'파트너를 유혹하듯 바라보는 눈빛과 화려한 몸짓이 예술인 탱고 댄서들에게 감탄하기'
'먹다 남은 양주를 들고 나가 길거리 현지인들에게 한입씩 주면서 핫한 술집 위치 묻기'
'숙취와 더위로 지쳤을 땐, 한인 마트에서 파는 뽕따 아이스크림(3천 원이 넘어도) 사 먹기'
'사람들이 없는 거리에선 노래를 크게 틀고 부르면서 걷기'

부에노스아이레스 관광을 했다기보다 우리끼리 놀다 온 여행이 맞았다. 그냥 유명하다니까 갔고, 찢어온 관광 책자의 설명을 보며 '아 그렇구나.'하곤 사진만 열심히 찍었다. 원래 친구들끼리 가는 수학여행이 그렇듯, 추억 만들기가 전부다. 우리가 재밌으면 땡이다.

매일 좋을 수만은 없는 여행을 한다

뜻밖의 중국인

남미를 여행하면서 잔뜩 걱정했던 치안 문제가 한 번도 일어나지 않았다. 밤늦게 혼자 돌아다녀도 접근하는 강도가 없었고, 택시기사들은 모두 친절했다. 흔한 소매치기는 물론 어떠한 위협도 당하지 않았다. 털어도 안 나올 것처럼 보였나. 아무튼, 현지인들에 대해선 좋은 기억이 훨씬 많다.

이상한 상황은 하나 있었다. 사건은 1월 3일 밤, 부에노스아이레스 중심부의 한 골목에서 발생했다. 우리끼리 지낼 수 있는 아파트형 숙소 앞 길거리엔 무리를 지어 노는 현지인들이 많았다. 그럼 그들과 시비가 있었냐고? 아니다. 오히려 그들과는 잘 놀았다. 담배를 피우러 나갔던 S와 J가 그들과 친구가 되면서 길가 아이들과 축구도 하고, J는 랩 배틀 약속까지 잡았었다. 보통은 혹시 모를 위험을 예방해 최대한 접촉을 피하지만, 엄청난 친화력 덕분에 근처 술집 위치도 물어보고 길가에 나와 더위도 피하던 밤이었다.
문제는 술 취한 중국인이 등장한 때부터였다. 우리가 묵는 아파트의 주민인 듯 보여 '니하오~' 인사를 했을 뿐이었다. 그런데 그가 다짜고짜 시비를 걸었다. 취기에 그러겠거니 싶어 무시해도 자꾸만 더 화를 내며 다가오는 중국인이었다. 영문도 모른 채 위협을 당하니 H도 같이 욕을 하자 그는 더 흥분해 미친 듯이 달려들었고, 더 있다간 해를 입힐 것 같았다. 우리와 놀던 현지인도 '쟤네 무슨 일이야?'라며 구경하던, 긴장감이 가득한 상황이었다.

"Fucking Japan!!!!!!"
응?
"No no no~ Korean! Korean!!!"

상황종료.
"I hate Japan! Korea good~"

일본인 혐오가 가득한 그는 우리가 일본 사람인 줄 알고 그렇게 달려들었던 것이고, K가 우린 한국 사람이라고 하자 중국인은 급 온순해졌다. 하마터면 정말 큰일 날 뻔했던 너무도 어처구니가 없는 일이었다.
현지인들과 잘 놀았는데 다른 외국인이랑 이런 일이 생길 줄이야. 그 중국인은 남미에서 만난 사람 중 가장 이상한 외국인이었다.

남자 사람 친구들

엄마는 내게 말했다. 언제나 남자를 조심하라고. 특히 한국 사람은 같은 나라 사람이라 경계를 풀기 때문에 더 조심하라고. 여행 글을 보면 항상 혼자 여행 간 여자가 소매치기든 이성적으로든 문제가 생겼다고 했다. 내 이야기를 하면 어떻게 남자들과 잘 다니는지 궁금해했다. 한 외국인도 이렇게 물어봤었다. "남자는 5명이고 너 혼자만 여자인데 어떻게 된 거야?"
음 그러게 말이다. 그러고 보니 K, S, O를 처음 만났던 볼리비아 태양의 섬에서부터 아무런 거리낌이 없었다. 태양의 섬에 들어가자마자 한 일이 숙소 구하기였는데, 눈에 띈 숙소가 한 방에 침대가 두 개씩이어서 그 방을 두 개 잡았을 뿐이었다.

"그럼 저 방을 누나 주고"
""야! 방은 같이 써야지."

다 같은 처지에 남자 여자가 어디 있고, 누가 누구를 배려하겠나 싶었다. 여자라고 피해를 주기도 싫었고, 챙김을 받는 것이 오히려 불편했다. 그다음 날 섬을 나와 코파카바나에서도 역시 한 방에 침대가 네 개 있는 최대한 싼 방을 잡았다. 바디워시 나눔을 하고, 팩을 하고, 술 취한 O의 귀여운 영상도 남기며 즐겁게 논 것이 전부였다.

이처럼 남녀 상관없이 같은 숙소에서 잘 지낼 수 있었던 건 아마 호스텔의 영향이 젤 클 것이다. 여행 초반 며칠은 여자 전용 도미토리를 썼지만, 점점 제일 싼 값의 남녀 공용 8인, 10인 도미토리를 찾았다. 내 아래 침대가 남자였거나, 그 방에 나만 여자였던 경우도 많았고, 그 반대의 경우도 종

종 있었다. 내가 남녀 공용 도미토리를 쓰고 있다고 하면 친구들은 다들 놀라곤 했지만, 정작 호스텔 안에서는 그런 상황을 신경 쓰는 사람은 단 한 명도 없었다. 그저 남한테 피해를 주지 않으면서 머물다 가면 그만이었다.
'돈 아끼려는 여행자인 건 너나 나나 피차일반이잖아. 편하게 지내다 가자.'
이런 분위기였기 때문에 옷을 갈아입든 말든, 최대한 편하게 누워있든 말든 아무도 신경 쓰지 않았다. 여행 앞에서 남녀 경계는 자연스럽게 허물어졌다.

푸에르토 이구아수 puerto Iguazú

이구아수 폭포는 아르헨티나 쪽의 푸에르토 이구아수 Puerto Iguazú와 브라질 쪽의 포스 두 이구아수 Foz do Iguazú가 있는데, 푸에르토 이구아수가 더 웅장한 규모를 자랑해 더욱 많은 사람이 이곳으로 몰린다. 우리나라에 있었다면 하나의 관광지가 될 법한 폭포도 여기선 동네 놀이터 수준이었다. 폭포를 밑에서 볼 수 있는 'Lower Circuit'의 도착지에 있는 폭포는 '흐른다', '떨어진다'가 아니라 '넘쳐서 터져 나온다'가 맞았다. 폭포가 뿌리는 물보라는 가벼운 미스트를 넘어 부슬부슬 내리는 이슬비와 같았다.

이구아수를 즐기는 특별한 방법은 보트투어다. 그런데 우리가 흔히 생각하는 보트를 타고 폭포를 좀 더 가까이 보는 투어라고 생각하면 오산이다. 차라리 워터파크에 더 가깝다. 이구아수를 오가는 버스 시트에 비닐이 씌워져 있었고, 다들 강물에 빠졌다 나온 것처럼 물을 뚝뚝 흘리면서 수영복 차림으로 다니는 건 모두 보트투어 때문이었다. 보트가 폭포 근처까지 가서 물보라를 맞는데, 그 물보라가 어찌나 센지 눈을 뜨고 앞을 본다는 건 말도 안됐고, 머리카락 한 올부터 속옷까지 쫄딱 젖는다.
나름 젖을 각오로 최대한 가볍게 입고 갔지만, 수영복과 수건을 챙겼어야 했다는 뒤늦은 후회를 했다. 보트가 선착장에 도착했을 때, 조종사에게 박수와 환호를 아끼지 않았던 보트투어였다.

이구아수 폭포의 메인은 '악마의 목구멍'이다. 바닥에 블랙홀이라도 있는 듯 폭포가 무섭게 떨어지는 형상이 이름에 걸맞았다. 스케일은 또 얼마나 큰지 이구아수를 보러 온 전 세계 여행자들을 압도하기 충분했다. 거대함과 위압감을 담기엔 사진의 프레임은 너무 작다. 이구아수를 제대로 즐기

매일 좋을 수만은 없는 여행을 한다

려면 일찌감치 사진을 포기하고 눈으로 감상하고, 폭포의 소리를 듣고, 물보라를 맞아야 하는 수밖에 없었다. 콸콸 쏟아져 내리는 것이 꼭 지구의 수도꼭지를 제일 세게 튼 것 같은 이구아수는, '세계 3대 폭포' 타이틀값을 다하고 있었다.

아련한 기억이 되어버린 여행의 시작. 몇십 시간 고생하면서 입국한 남미 첫 나라 콜롬비아에서 '언제 7개국을 다 돌지'라며 긴장과 걱정을 잔뜩 안았던 내가 에콰도르, 페루, 볼리비아, 칠레, 아르헨티나를 거쳐 브라질에 도착했다. 그동안 인정하고 싶지 않아 외면했던 여행의 끝을 받아들일 수밖에 없었다.
콜롬비아로 데려다준 사람들 덕분에 무사히 남미에 도착할 수 있었던 것처럼 브라질을 떠나는 길도 많은 도움을 받았다.
귀국길 티켓 석 장. 도착지 SEOUL INCHEON INT. 6주 전엔 여권에 끼워진 티켓 석 장을 보고 있으면 세상을 다 가진 것처럼 벅찼는데. 복잡하고 미묘한 기분의 1월 10일 오후 5시. 티켓 한 장을 사용해 브라질을 떠났다.

브라질,
여행의 끝, 티켓 한 장

여행 막바지에

아르헨티나 출입국사무소. 여느 때와 같이 버스에서 내려 직원에게 여권을 건넸다. 평소와 다른 점이 있었다면 웬일인지 직원이 딴죽을 걸며 도장을 찍어주지 않았다. 분명 문제 될 만한 것이 없었을 텐데. 결국, 옆 창구 직원에게 다시 출국 심사를 받고 나서야 출국 사무소를 나왔다.
버스가 보이지 않았다. 다른 승객들도 보이지 않았다. 시간이 지체되는 사이에 버스가 떠나버렸다. 근처 직원들에게 버스가 어디 갔냐고 물었지만, 영어를 할 줄 아는 사람이 아무도 없었다. 나만 덩그러니 놓였다.

입국을 닷새 남겨두고 캐리어를 잃어버렸다. 출입국사무소에 버스가 멈추면 여권만 들고 내려 출국 도장과 입국 도장을 받고, 다시 버스에 타면 되는 굉장히 쉬운 절차였다. 그런데 내 캐리어를 싣고 있던 버스는 날 기다리지 않고 출발해버렸다.
내가 할 수 있는 것이 아무것도 없었다. 공황 상태로 발만 동동 구르고 있었다. 그렇게 시간이 흘렀고, 다른 버스가 도착했다. 지푸라기라도 잡는 심정으로 그 버스 직원을 붙들고 버스가 사라졌다고 말했다. 그는 그럼 다음 버스를 타면 된다고 했다. 영어가 통하지 않는 그에게 벌벌 떨리는 손으로 그림을 그려가며 설명했다. '내 캐리어가 버스에 있는데, 출국 심사받는 도중에 버스가 떠났어.' 바로 알아듣지 못하는 모습에 더 애가 타 몇 번이고 반복해 그림을 그렸다. 끝내 상황을 파악한 직원은 버스 회사 이름을 아느냐고 물었다. 그걸 알 리가 없었다. 울먹이며 모른다고 하자 직원은 안타깝다는 듯 고개를 저었다. 다리가 풀려 털썩 주저앉아 버렸다.
실낱의 희망이 남아있었다. 버스 내부 사진을 찍었었다. 그 직원에게 버스 사진을 보여주자 그는 바로 회사를 파악했고, 근처 택시를 불렀다. 쫓아가 달라는 부탁을 받은 택시 기사는 내게 Don't Worry라며 전속력으로 달렸

다. 이미 버스가 떠난 지 30분이나 지나버렸지만, 그래도 그 끈을 놓지 않았다. 브라질 버스터미널 근처. 내가 탔던 버스와 똑같이 생긴 버스가 보였다. 택시기사는 손을 뻗어 버스정류장을 떠나려는 그 버스를 세웠다. 버스 운전기사를 보니 내가 탄 그 버스가 맞았다. 서둘러 버스를 샅샅이 뒤졌다. 하지만 짐을 찾아내기엔 이미 시간이 너무 많이 흘러버렸나 보다. 버스 안에는 짐이 없었다. 이번엔 브라질 입국사무소로 향했다. 졸지에 한 시간 가량을 불법 입국 상태로 있기도 했고, 혹시나 누군가 그곳에 캐리어를 내려놓지 않았을까 싶었다. 나는 직원에게, 택시기사는 주변 택시기사들에게 캐리어를 수소문했지만, 역시나 아무런 답도 듣지 못했다. 캐리어는 완전히 내 곁을 떠났다.

택시기사에게 근처 아무 호텔로 데려가 달라는 마지막 부탁을 했다. 다시 브라질로 가던 중, 택시기사는 울고 있었다. 정류장 근처에서 버스 기사와 큰 목소리로 언쟁을 했을 때 버스 기사가 굉장히 무섭게 말을 하던데. 그때 심한 말을 들은 것일까.

확실했던 것은 불안에 떨던 나에게 걱정하지 말라며 성심성의껏 나를 도와주려고 했다는 사실이었다. 짜증 하나 내지 않고 오히려 캐리어를 끝내 찾지 못한 나에게 위로하듯 차 문을 열어주던 그였다. 그의 눈물 앞에서 내가 할 수 있는 것이라고는 나 때문에 온갖 수모를 겪어 미안하다는 말과 고맙다는 말을 되풀이하는 것밖에 없었다. 그리곤 내 지갑에 든 돈을 전부 주었다. 2만 원 가량의 아르헨티나 돈과 100달러. 한 시간 넘게 나를 도와준 그의 마음에 비교하면 턱없이 부족했다. 이것밖에 없어서 미안하다는 내게 그는 괜찮다며 100달러를 다시 돌려주었지만, 나는 받을 수 없었다. 나를 보는 그의 눈빛엔 동정이 아닌 슬픔이 보였다. 그래서 받지 못했다. 나도 똑같이 슬펐기 때문에.

'자세한 상황은 나중에 설명해줄게요. 캐리어를 잃어버렸는데 다행히 귀중품들은 있지만 00만 원만 보내주세요. 당장 입을 옷들이랑 세면도구, 현금이 없는데, 여기는 저녁 시간이라 문 닫기 전에 다녀와야 해요.'

가지고 있던 350달러와 해외 체크카드를 사용하면 남은 여행까지는 충분했지만, 당장 필요한 것들을 사기 위해선 체크카드 잔금이 부족해 가족들에게 급히 메시지를 남겼다.

'00만 원 입금했다. 걱정하지 말고 신발이랑 옷이랑 좋은 거로 사렴. 속상한 거 훌훌 털고 기분 전환해서 즐겁고 행복한 시간 만들렴.♡'

캐리어가 없어졌던 순간에도 울지 않다가 부모님 덕분에 긴장이 확 풀리면서 펑펑 울었다. 한국은 아침 8시도 안 된 이른 시간에, 아침부터 딸이 캐리어를 잃어버렸다는 메시지에 많이 놀랐을 것이 분명한데 끊임없이 나를 다독여주었고, 한없이 무너질 뻔했던 나를 일으켜주었다.

마음을 진정시켰다. 그래, 남은 여행 잘 마무리하자. 근처 식당에서 샌드위치로 배를 든든하게 채운 뒤, 현실을 직시했다. 지금 내 가방엔 어떤 게 남아있지, 이제 무엇을 해야 할까 봐 물론, 쉽지는 않았다. 아쉬움과 속상함이 불쑥불쑥 나를 덮쳤지만 그래도 부모님의 응원 덕에 금세 일어섰다. 훌훌 털어버리기 위해 블로그에도 오늘의 일을 적고, 호텔 비누로 옷을 모두 빨고, 드라이기로 밤새 말리고, 당장 내가 나흘을 버티기 위해선 무엇이 필요한지, 날이 밝으면 무엇을 해야 할지 정리했다. 렌즈 통과 렌즈 세척액이

없어 뜬눈으로 밤을 새웠다. 렌즈마저 잃어버리면 안 된다는 일념으로 악착같이 하품을 해서 눈물을 만들어냈다. 어느 때보다 든든하게 조식을 먹은 뒤, 호텔 프런트에 일회용 샴푸와 비누를 얻었다. 짐을 다 잃어버렸다고 하자 바로 비품실로 달려가 한 움큼 가져오며 더 필요하냐고 묻는 프런트 직원에게서 하루를 다시 시작해 볼 용기도 얻었다.

남은 여행일수 4일, 마지막 나라 브라질에서의 여행이 시작되었다. 어쩌면 남은 4일 내내 한 호스텔에서 절망하며 귀국만을 기다렸을지도 모른다. 그렇지만 나를 끝까지 응원해주는, 이것도 찐한 추억이라고 말씀해 주는 부모님 덕분에 앞으로 일정도 추억 쌓기에 전념하기로 다짐했다. 비록 삼각대는 잃어버렸지만, DSLR과 핸드폰은 아직 나한테 있으니까 긍정적으로 생각하고 브라질의 예쁜 사진을 찍어야지.

아침 해가 떴다. 새로운 하루를 시작한다.

Policía

남미에 오기 전, 분명 한 가지 이상은 잃어버리거나 무슨 일이 생길 것 같은 느낌에 여행자 보험 중에서도 가장 비싼 보험을 들어놓았는데, 결국 보험은 쓸모 있게 되었다. 물론 보험비를 날려버리는 경우가 최상의 시나리오였지만, 보험금을 받기 위해서는 현지에서 발급받은 'police report'가 필요했다. 숨을 크게 한번 내쉬고 경찰서 문을 열었다.

페루 리마에서 택시기사가 말하길, 남미는 여자들의 분명함 때문에 여자 경찰이 더 많다고 했다. 문을 열고 들어간 경찰서에는 실제로 여자 경찰들이 훨씬 많았고, 긴장은 금방 풀렸다. 어떤 일로 왔냐는 경찰에게 회화책의 '짐을 잃어버렸어요.' 문장을 보여주었다. 그러자 그녀는 잠시 기다리라는 손짓을 하곤 다른 직원을 데려왔다.

"안녕, 내가 영어를 아주 잘하는 건 아니지만, 무슨 일이야?"
"내가 푸에르토 이구아수에서… 도장 받는 사이에 버스가 슝…"
"뭐? 너를 태우지도 않고 버스가 갔다고?"
"응. 나만 빼고 버스가 출발했어."

내 사연을 들은 통역 경찰이 먼저 어이없음을 터뜨렸고, 다른 경찰들에게 스페인어로 얘기해주자 다들 눈을 동그랗게 뜨며 '어떻게 그런 일이?'라는 표정으로 나를 바라보았다. 그렇게 꾸려진 한국인 캐리어 분실 사건 전담 TF 팀. 사건 총괄 담당 : 언니1, 통역 담당 : 언니2, 폴리스 리포트 작성 담당 : 언니3.

ENTRO INTEGRADO DE ATENDIMENTO
DELEGACIA
DA MULHER E DO TURISTA
6ª SUBDIVISÃO POLICIAL
GUARDA
MUNICIPAL

"그 회사에 내가 전화를 해볼게. 몇 시 버스였어? 캐리어는 어떤 색이야?"
- 언니1
"오후 5시 반이었고 짙은 회색이야. 그런데 내가 곧 여기를 떠나야 해서 지금 폴리스 리포트를 꼭 받아야 해."
"걱정하지 마, 꼭 작성해줄게"-언니2

리포트 작성 작업은 간단한 일이 아니었다. 이름, 한국 주소, 사건 경위, 분실물 상태 등 작성해야 할 것들이 한둘이 아니었다. 이때 가장 고생해준 건 통역 담당 언니2였다.

"캐리어 안에 뭐 있었어?"
"옷, 신발, 화장품, 돈, 삼각대…"
"삼각대? 카메라 삼각대 말하는 거야?"
"응. 이렇게 생긴 거."

그림을 그려 설명했다. 언니2와 언니3은 삼각대의 정확한 스페인어 명칭을 몰랐는지 구글 번역기까지 이용하며 리포트를 작성해줬다.

"이거 말하는 거 맞지? 미안, 내가 영어를 잘하지 못해서"
"아냐, 지금도 아주 고마운걸!"
"버스회사에선 찾아보고 12시쯤에 다시 연락 주겠대."-언니1
"그런데 내가 2시 비행기라 그때까지는 여기 못 있어. 혹시 캐리어 찾았다고 하면 일단 메일로 알려줘!"

"그래! 좋아. 그리고 여기 리포트 다 작성됐어, 이거면 되는 거지?"
"응! 정말 고마워"
"행운을 빌게"

외국인을 상대하는 게 여간 복잡한 일이 아니었을 텐데 멋진 경찰서 언니 삼총사가 팔을 걷어붙이고 나서주었다. 그 덕에 리우데자네이루로 넘어가기 전, 무사히 폴리스 리포트를 손에 넣었다. 남은 여행을 잘 매듭지으라며 지금의 나를 조금이나마 위로하는 폴리스 리포트. 이 종이에 잠시 기대어 마음을 다시 다졌다. 마지막 한 줄기는 꼭 붙들고 있자.

회색 체크남방

으슬으슬하다. 덥고 습한 브라질은 반소매로 충분하지만, 공항 냉방시스템이 필요 이상으로 과했다. 가방에 있던 회색 체크남방을 주섬주섬 꺼내 입었다. 14년 전 오빠가 입었던 옷이다. 어느 날부터 내 옷장에 들어왔고, 가볍게 걸치기엔 안성맞춤인 옷이라 내가 성인이 되고서도 즐겨 입다가 이렇게 남미까지 가지고 왔다. 이곳에서도 남방은 공항을 이용할 때나, 일교차가 심할 때 자주 등장하며 꽤 톡톡한 역할을 하고 있다.

그리고 캐리어를 잃어버리기 직전, 유일하게 구출해낸 물건이다. 그날은 비가 왔고, 추위를 잘 타는 나는 쌀쌀함을 느꼈다. 그래서 푸에르토 이구아수 도시를 떠나는 버스를 타기 전, 가볍게 걸칠만한 것을 캐리어에서 꺼낸 것이다. 이게 무슨 질긴 인연인지, 결국 그 상황을 무사히 넘기고 여전히 공항 추위를 막아주고 있다.

:

2017년 8월 무더운 여름날, 비가 많이 내렸다. 남들은 그 비가 시원하다고 했지만, 여름비마저도 쌀쌀함을 느끼는 나는, 올여름에도 어김없이 옷장에서 남방을 꺼냈다. 글을 쓰고 있는 지금도, 여전히 내 몸에 가볍게 걸쳐져 찬기를 막아주고 있다.

아마 다음 여행도 같이 갈 듯싶다.

비 온 뒤, 땅 굳기 전

배터리 1%, 방전되기 직전의 마지막 남은 힘은 나를 리우데자네이루행 비행기 좌석에 앉혔다. 어제부터 몰아친 폭풍이, 드디어 잠시나마 멈추었다. 40시간 만에 눈을 붙이며 최종 목표인 숙소까지 가기 위한 에너지를 충전했다. 짐 찾는 시간도 없겠다 조금만 더 힘내자.

어젯밤 호텔에서 여행 가이드 책을 보았다. 공항에서 나와 XX번 버스를 타면 시내까지 간다고. 마침 공항 앞에 버스가 있었고 내가 탑승하자마자 바로 출발했다. 혹시나 하는 마음에 GPS를 켜고 버스의 위치를 계속 확인했다. 시내 근처에 왔을 때쯤엔 지도를 살피며 내릴만한 곳을 찾았다. 그런데 어느 순간, 버스가 방향을 틀었다. 시내에서 점점 멀어지는 쪽으로 달리기 시작했다.
사람 심리라는 게 참. 정확히 알지도 못하면서, 뭔가 상황이 이상하게 돌아간다는 걸 느끼면서, 내가 마음이 편한 쪽으로만 생각한다. 그러다 결국 자신을 구렁텅이에 빠트릴 게 뻔한데도. 이미 제정신이 아니었던 나를 그 구렁텅이로 모는 일은 어려운 것이 아니었다. 조금 돌아서 가는 거겠지. 제발 그러길 바랐다. 이상한 방향으로 가고 있다는 것은 이미 알고 있었다.

도대체 나한테 왜 이럴까.
헛된 희망을 품고 도착한 곳은 리우데자네이루 국제공항. 시내와 아주 멀리 떨어진 곳이다. 책이 잘못된 정보를 가르쳐준 것이 아니었다. 내가, 미처 깊숙하게 생각하지 못한 것이었다. 공항이 두 개일 줄이야. 내가 도착한 공항은, 리우데자네이루 국내공항. 책에 나온 '공항에서 시내 가는 법'의 공항은, 리우데자네이루 국제공항. 그러니까 김포공항에서 광화문 가려다가 인

BARRACA DA FÁTIMA
MEGADRINKS
MEGACAIPIRINHA
MEGACAIPIVODKA
MEGACAIPIFRUTA
8,00
5,00
4,00
Barraca da Fátima

천국제공항에 간 것이나 다름없었다.
평소였다면 그냥 웃어넘겼을 것이다. 그런데 이번엔 모든 게 원망스러웠다. 그냥 조금만 더 버텨주길 바랄 뿐이었다.

분주함이 가득한 공항에 아무 목적 없이 앉아있었다. 내 시간만 멈춘 듯 한참을 미동도 없이 가만히. 어느 하나 멀쩡한 것이 없던 나는 헤쳐 나가야 할 브라질에서의 나흘이 자신이 없었다. 좋지 않은 일은 한 번에 일어난다는 것을 실감하는 중이었다. 초점 잃은 눈동자, 많이 지쳐 있었다.

오늘 하루가 빨리 끝났으면.

Bem Gelada

그래도 땅은 굳는다

'멋지당~~~~ 24살 1월의 이정민은 다시 오지 않으니 맘껏 신나게 즐기렴 ♥'

신기하다. 엄마는 어디선가 나를 지켜보고 있는 것이 분명했다. 내가 지금 이불 속에 꼭꼭 숨어있다는 걸 알기라도 했나. 애써 괜찮다는 신호로 가족 대화방에 사진을 하나 보냈는데.
엄마의 답장은 내가 리우데자네이루에 있다는 사실에 집중하게 해주었다.

엄마 말이 맞았다. 24살 1월의 리우데자네이루에 '불금'은 이대로 자고 나면 끝이다. 그러니 맘껏 즐기는 것이 내가 해야 할 몫이었다. 메시지 한 통의 힘은 폴리스 리포트보다 더 강력했다. 하루가 빨리 끝나길 바랐던 여행자는 침대에서 몸을 일으키곤 소량의 돈을 챙겨 밖으로 나왔다. 술 가게와 포장마차를 지나며 파인애플 칵테일과 라임 칵테일을 손에 쥐었다.

시끌벅적한 광장에 아무 생각 없이 앉아있었다. 역시 내 시간만 멈춘 듯 한참을 미동도 없이 가만히 있었다. 어느 하나 멀쩡한 것이 없던 나는 이제 꽤 편안해졌다. 결국엔 다 지나간다고. 이것도 다 여행이라고. 많은 감정이 뒤섞였지만, 조금은 생기를 찾은 눈동자에서 남은 여행을 잘 보내겠다는 희망을 품었다.

굳이 호스텔로

6주간 7개국을 여행하겠다는 나, 부모님은 숙소 걱정도 이만저만이 아니었다. 혼자기도 하고 많이 이동하느라 체력 소모가 클 테니 돈은 크게 염두에 두지 말고 잠은 좋은 곳에서 푹 자라고 하였다. 호텔까지는 아니더라도 이왕이면 혼자 쓰는 방에서 편하게.

하지만 사서 고생하는 것이 취미인 나는 청개구리처럼 수많은 도미토리를 스쳐 갔다. 부모님은 그런 날 보며 혹시 돈 때문이냐며 몇 번이고 조심스럽게 이야기를 꺼냈지만, 어김없이 호스텔 도미토리에 누웠다. 나에게 호스텔은 단순히 잠만 자는 공간이 아니었다.

밤에는 밤바람을 맞으며 길거리 음악을 듣고, 아침엔 커피 한 잔과 아침 햇살을 맞는 발코니. 우리나라 사람들이 많이 묵기로 유명한 곳에선 긴장을 풀고 동행을 쉽게 구해 치안 걱정 없이 보고타를 돌아다녔다. 옥상에 널어둔 빨래가 바람에 날아가 옆집 마당에 떨어지면 주인과 함께 옆집 문을 두드렸다. 마추픽추에 다녀온 같은 방 친구에겐 자기는 모기에 엄청 물렸다며 너는 꼭 모기 기피제를 사라는 팁을 들었다. 잠깐 잘 곳만 필요할 땐, 수용인원이 많은 호스텔에서 구천 원에 숙박을 해결했다. 주인에게 샛길을 물어 한적한 곳에서 쿠스코의 야경도 찍을 수 있었다. 같은 방 친구에게 비누를 빌리고, 나는 치약을 빌려주며 부족함을 채웠다.

독일에서 온 음악 하는 친구가 기타를 치고, 그의 반주에 의자를 잼배 삼아 박자를 더하고, 각자 리듬을 타며 노래를 흥얼거리면 호스텔 거실은 미니 콘서트장이 되어 새벽 3시까지 술에, 음악에, 분위기에 흠뻑 빠진다.

소금, 후추 외에도 특이한 향신료들이 구비되어있어 성공은 보장하지 못해도 다양한 맛의 요리는 가능했다. 체크아웃해도 짐을 맡기고 와이파이를

2A

쓰며 버스 시간까지 거실 소파에서 여유롭게 보냈다. 게스트 중에 우리나라 사람이 있으면 서로 산 와인을 나눠 마시며 작은 와인 파티를 열고, 대용량 과일을 나눔 받았다. 호스텔 주인과 담소를 나누다 '참, 옆집이 초콜릿 파이 구워왔는데, 먹을래?'라며 달콤한 파이와 커피 한 잔을 마시기도. 그렇게 '호스텔 주인'이라는 직업이 좋아 보일 때, 게스트들이 새해 불꽃놀이를 보러 가도 자신은 여기 있어야 한다는 고충을 들었다. 캐리어를 잃어버렸다면 에콰도르, 칠레, 아르헨티나 친구들이 모인 거실에서 다국적으로 위로를 받을 수 있었다. 흡연이 가능한 곳에선 밤새 담배인지 마약인지 모를 연기를 마시기도 했다.

방 한쪽 구석에 놓인 배낭과 침대 위에 가득한 각자의 짐, 냉장고 안엔 각자의 이름이 적힌 다양한 음식들. 아침은 빵과 버터&잼으로 같은 구성이더라도 딸기잼, 오렌지잼, 살구잼, 정체는 모르지만 맛있던 초록 잼, 초코버터잼 등 호스텔마다 서로 다른 잼을 내놓는다. 성냥 곽 디자인도 다르고, 2층 침대로 올라가는 계단의 폭도 다르고, 같은 방을 쓰는 게스트들의 국적도 다르다. 모든 것은 배낭여행의 맛을 더 살려주는 감초 같은 존재들이므로 내 여행에서 호스텔을 떼려야 뗄 수 없었다.

외로울 때

혼자 여행을 다니는 것에 익숙해졌다고 해도, 아직은 적응이 어려운 외로움이 있다. 내가 탄 트램이 오로지 예수상을 위한 트램이고, 내 주위 사람들은 모두 나와 똑같이 예수상을 보기 위해 트램을 탄 사람들일 때. '우리 이제 예수상 본다!'며 신난 감정을 얼굴에 고스란히 드러낸 그들을 보고 있으니 외로움이 옆에 왔다.
오직 트램을 타는 몇 분 동안에만 할 수 있는 말과 나눌 수 있는 감정이 있다. '예수상은 얼마나 클까'라는 기대감이라든지 '브라질월드컵이랑 올림픽 엔딩엔 꼭 예수상 나왔잖아'하는 공감대라든지. 내 앞에서 쉴 새 없이 둘만의 사진을 찍는 커플과 엄마에게 계속 재잘대는 아이는 사랑하는 사람과 감정을 나누며 더 큰 행복을 느끼고 있었다. 부럽다.

오늘은 사진 찍을 때마저 외로웠다. 코르코바도 산 정상에 세워진 거대 예수상은 높이가 38m다. 무지막지하게 커서 웬만큼 멀리 가지 않는 이상 카메라에 담기가 힘들었다. 그나마 예수상과 제대로 된 사진을 찍는 법은 곳곳에 깔린 매트에 누워서 위를 향해 찍는 방법이었다. 이제까지는 다른 사람에게 사진 좀 찍어달라고 부탁하면 됐지만, 이번엔 '누워서 찍어줘!'라고는 할 수 없는 노릇이었다. 이리저리 돌아다니며 자리를 엿보다가 겨우 예수상과 같이 셀카를 찍었다.

"내가 사진 찍어줄까?"
셀카만 찍는 내게 먼저 다가와 호의를 베풀어주는 사람이 있었다. 옆으로 조금만 더 가라며 나를 중앙에 세우더니 무릎을 꿇고 사진을 찍어주던 사람, 나를 위해 기꺼이 등을 바닥에 대준 열정 가득한 사람도 있었다. 사진

을 찍어달라는 부탁에 흔쾌히 응하며 자신의 짐을 친구에게 주곤 매트 위로 눕던 그녀, 당연히 서서 찍어줄 줄 알았다.

"혼자 왔나 봐? Have a nice trip~"

여행객이 찍어준 사진엔 감동이 들어있었고, 어디서도 구할 수 없는 값진 감정이었다.

'불쑥 찾아오는 외로움엔 사무치지 않고 '그냥 좀 심심하다. 아쉽네.'로만 그치기.'
'대신 누군가의 호의엔 세상은 살만하다며 크게 감사하며 감동하기.'

내가 혼자 여행할 수 있는 방법이자 여행을 즐기고, 여행하다 만난 사람들도 잊지 못할 추억으로 만드는 법이다.

함께여서 좋았다

2017년 1월 9일 밤, 길었던 남미의 해가 끝내 저물었다. 여행 전 첫날에 대한 기대에만 잔뜩 부풀어 마지막 날까지는 생각해보지 못했었다. 그때의 나는 어떤 결말을 그리고 싶었을까.
적어도 이런 마지막은 상상도 못 했을 것이다. 캐리어는 잃어버렸고, 내일 입기 위해 빨아 널은 반소매 티는 아직 다 마르지 않아 H가 선뜻 내어준 해병대 옷을 입고 있고, 친구들과 제대로 된 식당에서 맛있는 저녁을 먹었다.

만약 혼자였다면 마지막 식사를 어떻게 했을까. 가장 비싸고 맛있는 음식이었어도 아마 그 맛을 온전히 알지 못하고 체했을 것 같다. 그리고 오늘 밤을 아주 싫어하면서 밤새워 뒤척이다 겨우 잠이 들었을 것이 뻔했다.

공허하지도, 쓸쓸하지도 않게 친구들과 있다는 것이 다행이라고 생각되는 밤이었다. 내일이면 여행이 끝이라는 현실에 마음이 허하고 심란한 건 사실이었지만, 잠을 자러 가는 순간까지도 혼자가 아니었다. '잘자' 인사를 뒤로하며 편안히 침대에 몸을 뉠 수 있었다.

'동행'은 내 여행 스타일과 맞지 않는다고 여겼다. 도저히 누군가와 함께 다닐 수 없는 독자적인 여행 스타일을 갖고 있기 때문에.
구석구석을 돌아다니면서 그 마을의 매력을 찾아내는 것을 좋아해, 대중교통도 잘 이용하지 않고 3~4시간을 계속 걸어 다니고, 일정한 식사 시간도 없이 출출해지면 그제야 끼니를 챙기는 식이었다. 나와 자주 여행을 다닌 엄마는 항상 '밥과 휴식권을 보장해줘!'라고 선언할 정도였다. 이런 나만의 여행 스타일 때문에 '여행은 혼자가 짱이지!'라고 외치고 다녔고, 동행은

내 여행의 범주에선 아주 멀리 떨어져 있는 존재였다.
그래서일까. 함께한 지난 며칠이 더 아득한 꿈처럼 느껴지는 이유가. 나는 운이 정말 좋았다. 일부러 만들려고 해도 쉽지 않은, 마음이 잘 맞는 동행, 동행을 넘어 소중한 친구들을 사귀었다. 애초에 누군가를 알게 된다는 기대 없이 남미에 왔는데, 뜻밖에도 좋은 친구들과 잊지 못할 추억을 쌓았다. 의도치 않았기 때문에 더 극적이고, 더 감사하다.

만약 그들이 없었다면. 외딴 태양의 섬이 '청춘 낭만 영화 촬영지'가 될 수 있었을까. 부에노스아이레스에서 미친 새해를 보내고, 매일같이 술을 마시며 그렇게 재밌게 지낼 수 있었을까. 코파카바나 해변의 파도를 타고, 클럽에서 놀며 마지막 날까지 신날 수 있었을까. 또, 꽁꽁 얼어있던 내가 한껏 자유로워질 수 있었을까. 생각만 해도 입꼬리가 씰룩대는 여행이 될 수 있었을까. 이번 남미 여행을 이만큼이나 사랑할 수 있었을까.

친구들은 술을 좋아했다. 매일 밤 술을 마셨고, 오전엔 빈둥거리며 시간을 흘려보냈고. 그렇게 흘러가는 시간은 전혀 아깝지 않았다. 평범하지 않은 친구들이랑 술을 마신다는 건, 곧 특별한 일이 일어나는 것을 암시했다. 특별한 일은 술에서 시작되었으니까. 정말 고마워. 평생 간직하고 싶은 이야기를 찍어준 것도, 함께하는 여행의 재미를 가르쳐 준 것도, 여행의 마침표를 잘 찍게 해준 것도. 그리고 단순한 동행이 아닌, 내게 특별하고 소중한 사람들이 되어준 것도 말이야.

페이지 42쪽

"가기 싫다."
"나도."
"어떻게 시간이 이렇게 빠르지?"
"그니까. 우리 처음 만난 것도 벌써 한 달 전이야."
"남미로 오길 잘한 것 같아. 나중에 또 오고 싶어."
"그치. 난 그땐 파타고니아 꼭 가야지."
-D-1, S와 코파카바나의 노을을 보며-

여행 시한부들의 대화에 아쉬움이 가득했다. 지난 시간을 더 알차게 쓰지 못해서, 그런 후회가 남는 아쉬움이 아니라, 너무 좋았기 때문에, 아쉬움이 남았다.

K가 그랬다.
"이제 좀 알 것 같은 데 가야 해"

그랬다. 아쉬운 이유가 그거였다. 낯선 풍경, 낯선 사람들, 낯선 문화와 분위기, 장기간의 배낭여행도 낯설었었다. 길가에 나가기만 하면 소매치기당할 것 같아 잔뜩 긴장하고, 당황하고, 버벅대던 그때가 있었는데, 어느새 긴장했던 지난 순간들을 떠올리면 웃음이 나왔다. 이제는 '¿Cuánto cuesta una noche?(하루에 얼마예요?)' 발품 팔아 숙소를 구하고, 샌드위치(bocadillo)를 고를 땐 주저 없이 내가 좋아하는 Palta(아보카도). 'Hola(안녕하세요)', 'Gracias(감사합니다)'가 입에 배어 어느 상황에서나 자동으로 나왔다. 지나가는 남미 사람들과 눈이 마주쳐도 씩 웃고 만다. 버스 4시간이면 나쁘지 않고, 택시 라디오에서나 식당에서 들리는 라틴 음악에 박자를 타는 여유와 너무 당연해진 파란 하늘. 무의식적으로 남미를 배우며. 이제야 좀 남미가 어떤 곳인지 알았는데, 사람 사는 것은 다 똑같다며 이곳의 삶에 익숙해졌는데, 남미의 맛뿐만 아니라 여행의 맛도 알았는데, 나는 이제 떠나야 한다.

미련이 없다면 그건, 새빨간 거짓말이다.

꼭 어제

"Are you tired?"

무뚝뚝하고 제멋대로인 거로 유명한 미국 입국심사 직원이 날 한번 쓱 보더니 미소를 띠며 피곤하냐고 물었다. 비행기에서 푹 자고 기내식으로 오믈렛까지 먹어서 컨디션 멀쩡한데. 내 몰골이 그렇게 초췌한가.
미국 세관신고서를 작성하지 않아 짐을 직접 살펴보도록 격리된 곳에서도 비슷한 상황이 발생했다.

"여권 줘봐. 어디 갔다 오는 거야?
"7개 나라를 다녀왔어. 지금은 브라질에서 출발하고 산티아고 거쳐서 오는 거야."
"그런데 짐이 이 가방이랑 쇼핑백이 다야?"
"응. 아르헨티나에서 브라질 넘어가면서 잃어버려서"
"오 저런. 이만 가봐"

다른 사람들은 구석구석 살펴보던데, 나는 대충 들춰보더니 손수 지퍼까지 잠가주네? 왜 이렇게 금방 보내주지. 그 안쓰러운 눈빛은 뭐고. 내 꼴이 그 정도로 말이 아닌가?
인천에서 떠나고 제일 먼저, 멀쩡할 때 도착한 곳이 LA공항이었다. 엉겨 붙은 머리를 감추려 모자를 썼던 것 빼고는 완전히 달라졌다.
깔끔한 바람막이에 핏 좋은 보이프렌드 진, 단정한 흰 스니커즈, 딱 필요한 것들만 채워져 거북이 등껍질처럼 착 달라붙어 있던 가방. 반면 지금은 후줄근해진 반소매, 옷핀으로 허리를 고정한 S에게 얻은 와이드 팬츠, 덜렁덜

렁하는 브라질산 쪼리, 대용량 렌즈세척액이 들은 가방은 수화물처리가 되었고, 내 손에 들린 건 카메라, 태블릿PC를 욱여넣은 노란 쇼핑백. 가장 최악은 쪼리 문신이 새겨진 꼬질꼬질한 발과 굳은살이 모두 박인 열 발가락. 겁나 별로였다.

2016년 11월 28일에 떠난 인천공항에 여행 42일, 경유와 시차로 추가된 4일, 총 46일 만인 2017년 1월 12일에 다시 왔다. 살짝 열린 입국 게이트 틈 사이로 엄마를 발견했다.
닫혔던 게이트를 다시 열며 밖으로 나온 가벼운 차림의 나는 코트와 머플러 차림의 엄마와 진하게 포옹했고, 울음보단 '한 살 더 먹은 남미 거지 왔어?'라며 반기는 웃음에 무사히 목숨만은 건져왔다고 말했다.

촌스러운 모습의 남미 여행자인 나는 가져다준 겨울 외투를 입으며, "엄마 나 배고파. 순두부찌개 먹으러 가자"

여행은 끝났다.

Epilogue

여행 후, 지난 1년 동안 나의 오늘.

벚꽃이 바람에 흩날리던 것을 보던 23살의 어느 날, 24살 낙엽을 밟을 때쯤엔 어디든 취업해서 일하고 있으면 좋겠다고 바랐다. 취업 준비 중 혹은 신입사원으로 일하는 중. 앞으로의 오늘을 그냥 둘 중 하나의 뭉텅이로 묶어버리던 나였다. '오늘도 원고 쓰고 있지'라는 말을 할 줄은 상상도 못 했을 나였다.

여행이 끝나면서 입국이 싫었던 건, 마치 아무 일도 없었던 것처럼 다시 조급해하던 나로 돌아갈까 봐서였다. 그저 거하게 꾼, 좋은 꿈으로만 남겨질까 봐. 하지만 지난 1년의 오늘에는 여행이 남긴 많은 자국이 있었다.

입국 열흘 뒤, 원룸 우편함엔 낯익은 엽서가 꽂혀있었다. 발송일 2016년 12월 30일, 발송지 아르헨티나 우수아이아. '앞으로 더 멋진 사람이 되자 정민아.'라며 내가 나에게 보낸 엽서였다. 다시금 세상의 끝의 설렘을 느끼는 오늘이 있었다.

고향 청주에서는 B와 벚꽃 산책을 하고, 단지 심심해서 S와 약속을 잡아 만나고, 홍대에서는 증명사진이 아닌 진짜 U와 술을 마시고, 칠레가 아닌 학교에서 우연히 O를 마주치고, 대구에서 일산까지 온 H를 보고, 합정동에 위치한 K의 기타 가게에서 인사를 나누고, 사진작가 C의 전시회를 가고, 미세먼지가 뿌연 서울 하늘을 보곤 에콰도르의 파란 하늘을 그리고, 더운 여름날엔 사막 아타카마에서 먹던 젤라토를 기억하는 그런 오늘이 있었다.

그리고 책을 쓰게 만든 수많은 오늘.

'여행에 미치다'에 글을 썼다. 왜 여행을 가게 됐고, 여행에서 무엇을 느꼈고, 여행에 용기를 내게 해준 '여미'에도 감사하다고. 내가 '여미'를 보며 그랬듯, 한 명이라도 여행의 가치를 느끼고 행복해지기를 바라는 마음에 쓴 글이었다.

'도전하고 싶다는 열망을 주어서 감사해요'
'마냥 버킷리스트로만 가지고 있던 남미여행을 더 세밀하게 조각해봐야겠네요.'

'여미' 페이지에 글이 소개되면서 수많은 사람으로부터 따뜻한 메시지들을 받았다. '여미'에 올린 내 글이, 내 블로그에 올린 여행일기가 누군가에게 영향을 주었다.
한 신입사원은 점심시간마다 내 글을 읽으며 잠깐이나마 웃었다고 했고, 한 대학생은 덕분에 남미 가는 중이라고 연락을 주었다.
여행이 끝난 지 몇 개월이 지났어도 여전히 따뜻한 메시지들이 내 하루를 특별하게 만들었다.

'오늘 하루를 누나 블로그로 시간을 보냈어요! 책 기다리고 있을게요'
'언니처럼 저도 여행하는 게 꿈이에요!'
그래서 책을 썼다. 내 책을 읽은 누군가가 설레는 하루가 되길, 여행을 떠나볼 마음이 생기길, 지나가면 다시 오지 않을 오늘을 소중하게 보내길, 하는 마음으로. '책 잘 봤어요'라는 메시지를 받고는 '여행가길 잘했다' '글쓰기에 도전하길 잘했다'라며 뿌듯해 할 상상은 덤으로.

나는 오늘도, 나의 오늘을 사랑한다.
남미 여행 덕분에, 글을 쓴 덕분에, 책이 나오기까지 많은 응원과 도움을 주신 분들 덕분에 그리고 내 글을 읽어준 여러분들 덕분에.

매일 좋을 수만은 없는 여행을 한다

펴낸날	초판1쇄 인쇄 2018년 02월 10일
	초판1쇄 발행 2018년 02월 19일
지은이	이정민
펴낸이	최병윤
펴낸곳	알비
출판등록	2013년 7월 24일 제315-2013-000042호
주소	서울시 강서구 화곡로58길 51, 301호
전화	02-334-4045
팩스	02-334-4046
종이	일문지업
인쇄	신한프린트
제본	광우제본

ISBN 979-11-86173-42-8 03980

가격 13,800원

이 도서의 국립중앙도서관 출판예정도서목록(CIP)은 서지정보유통지원시스템 홈페이지(http://seoji.nl.go.kr)와 국가자료공동목록시스템(http://www.nl.go.kr/kolisnet)에서 이용하실 수 있습니다.(CIP제어번호: CIP2018004406)

잘못 만들어진 책은 구입하신 서점에서 바꾸어 드립니다.

독자 여러분의 소중한 원고를 기다립니다(sbdori@naver.com).

알비는 리얼북스의 문학, 에세이, 대중예술 브랜드입니다.